災害史探訪

内陸直下地震編

伊藤和明

KSS 近代消防新書 011

近代消防社 刊

はじめに

２０１6年4月、熊本県から大分県にかけて頻発した地震は、複数の活断層が相次ぎ活動して起こした内陸直下の地震であった。

熊本県下では、4月14日午後9時26分にマグニチュード（以下「M」という。）６・５、それから28時間後の16日未明1時25分にM７・３の大地震が発生、益城町では、それぞれの地震で震度７の激しい揺れに見舞われた。同じ地区で震度7が2回連続して記録されたのは、現在の観測網では初めてのことである。

気象庁は、16日のM７・３のあと、この地震が本震で、14日夜のM６・５は前震だったとする見解を発表、一連の地震について「平成28年熊本地震」と命名した。

消防庁によれば、8月15日時点で、住家の全壊8、１２5棟、死者50人となっている。また、南阿蘇村を中心に、大規模な斜面崩壊や土石流、地すべりなどが頻発し、国土交通省によれば、熊本県下だけで94件の土砂災害が発生したという。

50人の死者のうち12人は、14日夜の地震のあと、益城町の自宅へ戻ったところ、16日未明のM７・３によって自宅が倒壊して亡くなった方々である。

16日の地震は日奈久断層、18日のM7・3は、布田川断層が活動して起こしたものと考えられている。震源の深さが、それぞれ11〜12キロと浅い地震であったため、地表は激甚な揺れに見舞われたのである。

地震活動は、さらに北東側の阿蘇地方や大分県下にまで及び、4月16日午前7時11分には、大分県中部を震源に、M5・3の地震が発生、由布市で震度5弱を記録した。別府‐万年山断層帯の一部が活動したものとみられている。

これら一連の地震活動は、別府‐島原地溝帯の中にある複数の活断層が活動して起こしたものである。

九州中部の地殻は、幅約30キロの別府‐島原地溝帯を中心に、少しずつ南北に開く運動が続いていて、そのため中央部がくぼんで、地溝帯を形成している。

地溝帯の内部では、南北に引っ張られる力が働きつづけてきたため、地殻に割れ目を生じ、マグマが噴出しては、阿蘇山、九重山、鶴見岳、雲仙岳などの火山が誕生してきた。また、引っ張りの力によって、多くの活断層が生じており、それらが活動すれば、震源の浅い内陸直下地震が発生するのである。

また、内陸だけでなく、地溝帯の東端にあたる別府湾の海底にも、多数の活断層が東西方向に走っている。

日本列島の大部分は、太平洋プレートやフィリピン海プレートに押されつづけているため、圧縮の場にあるのだが、この別府‐島原地溝帯だけは、いわば張力場にあるという、特殊な地域ということができよう。

この地溝帯では、最近こそ顕著な被害地震は発生しておらず、そのためか、「熊本には大きな災害をもたらすような地震は来ない」という認識が、市民のあいだに広がっていたともいわれる。しかし、歴史を調べてみると、地溝帯の中では、地域に何らかの被害をもたらした地震が散見される。

たとえば、1889年(明治22年)7月28日の深夜に発生した「明治の熊本地震」が挙げられる。熊本市付近を震源として発生した内陸直下地震で、規模はM6・3であった。

熊本市周辺が激しい揺れに見舞われ、全壊家屋が続出した。『河南町史資料』によると、この地震により、熊本県下で家屋の全壊234戸、半壊329戸となっている。熊本城の石垣が大きく崩れ、当時の飽田郡では600か所以上の地割れを生じた。飽田郡と熊本市を中心に、死者20人、負傷者52人を数えている。

この地震は、日本で1880年(明治13年)に地震学会が発足してから、都市を襲った大地震としては初めてだったため、さまざまな調査が行われた。また、ポツダムの重力計に地震波が記録され、遠地地震観測の端緒となった地震でもあった。

また、この地震の5年後、1894年（明治27年）8月8日にも、熊本県中部を震源にして、M6・3の地震が発生し、死者はでなかったものの、多くの家屋や土蔵が破損、山崩れも多発した。

振り返ってみれば、1889年の熊本地震から2016年の熊本地震までの127年間、熊本では死者のでるような地震は発生していなかったのである。

大分県側では、1975年（昭和50年）4月21日の午前2時半すぎ、「大分県中部地震」が発生、最大震度5を観測した。地震の規模はM6・4、震源のきわめて浅い地震であった。

この地震に先立つ1月23日の夜半、阿蘇山の北縁でM6・1の浅い地震が発生、一の宮町を中心に、家屋の全壊16棟、負傷者10人がでている。

大分県中部地震では、湯布院町や庄内町（ともに現・由布市）を中心にして、家屋の全壊58棟、半壊93棟、重軽傷者22人を数えた。

とくに、湯布院町の山下湖畔にあった九重レークサイドホテル（鉄筋コンクリート造、地上4階・地下1階）の1階玄関部分が完全に潰れて注目を集めた。

震央が山間部であったため、各所で山崩れや地すべり、落石が発生して、道路が寸断され、一時孤立化した集落も生じた。

また、この地震の前後には、地鳴り・山鳴りが頻発し、震央付近では、本震の直前から数分間、赤やオレンジ色の発光現象が見られたという。

このように、別府‐島原地溝帯では、内陸直下地震がしばしば発生して、地域社会に災害をもたらしてきたのである。

内陸の活断層が活動して起こす地震は、一般に震源が浅いため、地表は激しい揺れに見舞われる。歴史をひもといてみると、日本列島では、そのようなタイプの内陸直下地震が、甚大な災害をもたらした事例の少なくないことがわかる。


私は、月刊誌『近代消防』に、2008年から「災害史探訪」と題して、過去に起きたさまざまな自然災害を連載してきた。地震災害、火山災害、気象災害、土砂災害などである。

そのなかで、大災害を招いた内陸直下地震を抽出して、1冊にまとめあげたのが本書である。過去の多くの事例から、震源の浅い直下地震が、いかに壊滅的な災害を招いてきたかを読み取っていただければ幸いである

目次

第6章　大規模な山地災害を招いた地震……93

第1章　内陸直下の巨大地震（M8級）

1　天正の大地震

3つの活断層が連動した

1586年1月18日（天正13年11月29日）の夜11時ごろ、中部地方を中心に大規模な内陸直下地震が発生した。この地震により、東北地方から九州まで揺れを感じたといわれるが、とりわけ東海～北陸～近畿にかけての広い範囲が、激しい揺れによって甚大な被害に見舞われた。

時は戦国時代の末期で、4年前の1582年（天正10年）には、「本能寺の変」によって織田信長が自害し、そのあとを継いだ羽柴秀吉が、翌1583年、賤ヶ岳の戦いで柴田勝家を打ち破り、天下統一に向けての第一歩を踏みはじめたころであった。

しかし、地震が発生したとき、たまたま琵琶湖西岸の坂本城に滞在していた秀吉は、恐怖のあまり、一目散に大阪城へ逃げ帰ったという。

この天正の大地震は、3つの断層帯が連動して発生したものと考えられている。庄川断層帯、阿寺断層帯、そして養老‐桑名‐四日市断層帯が、ほぼ同時に動いて、巨大地震を引き起こしたとされ、1891年（明治24年）、美濃・尾張に大災害をもたらした濃尾地震（M8・0）に匹敵する、わが国最大規模の内陸直下地震であった。

広範囲にわたる災害

地震による被害が大きかったのは、おもに飛騨白川郷の周辺や、濃尾平野の南西部、琵琶湖の周辺部などであった。

白川谷全体で300戸あまりが全壊した。越中では木舟城が倒壊し、城主の前田秀継夫妻をはじめ、多くの家臣が圧死した。木舟城は、現在の富山県高岡市の南西にあった城で、この地震のとき、3丈ほど陥没して崩壊したと伝えられる。地盤の液状化が起きたものであろう。『本行寺寛文七年由緒書上』には、このとき、「大雪・大水城中ニ押入」とあるから、真冬の積雪下の地震が、被害を拡大したとも考えられる。

濃尾平野では、美濃の大垣城が倒壊したあと焼失し、城下で多数の家屋が倒壊した。尾張・伊勢の沿岸部や木曽川の下流域では、液状化によって土地が陥没し、民家も被災、長島城も倒壊した。

京都では、三十三間堂の仏像６００体すべてが倒れ、東福寺の山門が傾倒するなどの被害がでた。また、摂津の堺では、30棟以上の倉庫が倒壊したという。

琵琶湖周辺の平地も、地盤が軟弱なため、大揺れに見舞われた。秀吉の家臣、山内一豊の居城であった近江の長浜城が倒壊し、一豊と見性院とのあいだに生まれた一人娘で、６歳になる与彌（よね）姫が、乳母とともに圧死した。

『一豊公記』の「御家中名誉、五藤内蔵助為重」には、地震発生直後の城内の模様が記されている。

「天正十三年乙酉十一月二十九日夜、大地震。長浜御殿潰れる。明神様（一豊）御在京御留守にて早速駆け着くの所、見性院様潰れ屋脇に御立御名御呼掛け〝お与弥は如何に〟とお尋あり。御安否未だ分からず候へども御恙無き由、マツ仰せられ、以後に御不幸の事、仰せられ候由」

城主の一豊が京都に出向いていて留守だったため、家老の五藤為重が真っ先に駆けつけたところ、見性院が娘の安否を気づかって、「およねは」と訊ねた。そこで彼は「ご無事です」と言って、見性院を安心させ、安全な場所へと避難させた。そのあと、為重は取って返して、与禰の屋敷へと急いだ。屋敷は倒壊しており、姫の部屋の屋根を切り破って中を覗くと、大きな棟木が落下していて、与禰姫と乳母が下敷きになって息絶えていたのである。

愛娘を失った一豊と見性院は、その後子宝に恵まれることはなかったという。

津波も発生した

この地震で、伊勢湾や若狭湾に津波が発生したという記録がある。

伊勢湾の沿岸部では、地盤が沈下したところに津波が襲来して水没したり、泥海と化してしまった地域もあり、溢れた海水によって溺死者もでたという。

若狭湾については、『兼見卿記（かねみきょうき）』や『フロイス日本史』に、かなりの津波が沿岸を襲い、家々が流されたという記述がある。

吉田兼見が記した『兼見卿記』には、「廿九日地震ニ壬生之堂壊之、所々在家ユリ壊数多死云々、丹後・若州・越州浦辺波ヲ打上在家悉押流、人死事数不知云々、江州・勢州以外人死云々」とあり、丹後、若狭、越前の沿岸を津波が襲い、多くの家屋が流失し、無数の死者がでたことが読みとれる。

『フロイス日本史』は、戦国時代の末期に来日して、キリスト教の布教活動を行っていたルイス・フロイスによる書であるが、その第60章に次のような記述がある。

「あたかも船が大きく揺れるように震動し、4日4晩休むことなく継続した。その後40日間は、1日とて震動を伴わぬ日はなく、身の毛もよだつような恐ろしい轟音が、地底から響いていた。若狭の国には、海に沿って、やはり長浜と称する別の大きい町があった。揺れ動いたあと、海が荒れたち、高い山にも似た大波が、遠くから恐るべきうなりを発しながら、猛烈な勢いで押し寄せてきて、その町に襲いかかり、ほとんど痕跡をとどめないまでに破壊してしまった。潮が引き返すときには、多数の家屋と人びとを連れ去り、その地は塩水の泡だらけになって、いっさいのものが海に呑みこまれてしまった」

ここでいう〝やはり長浜と称する別の大きい町〟というのは、山内一豊の城があった琵琶湖畔の長浜と区別するための記述である。

それぞれに、やや誇大な表現かとも思われるが、伊勢湾や若狭湾に津波が襲来したことを物語っている。内陸の複数の活断層が活動して起こした大地震であるが、震源域が海にまで延びていたとも考えられる。

帰雲城の埋没

天正地震は、震源の浅い大地震であったため、各所で山崩れ、崖崩れが多発した。

なかでも、後世にその名をとどめたのは、帰雲山（かえりくも）の大規模山崩れによる帰雲城の埋没である。庄川沿いの保木脇（ほきわき）という地区にあった帰雲城は、当地の有力武将であった内ヶ嶋氏の居城であった。

地震の当日、領主である内ヶ嶋氏理（うじまさ）の帰還を祝って、翌日に催される祝賀会の準備が進められていた。越前から、猿楽芸人も呼び寄せられていたという。夜が更け、多くの人が寝静まったころ、突然の大地震が襲来したのである。

『飛騨鑑（かがみ）』には、「九ッ過、内ヶ島之前大川有之候、其向に高山御座候而、亦其後に帰雲と申高山御座候、右之帰雲の峰二つに割、前之高山並大川打越、内ヶ島打埋申候、人一人も不残、内ヶ島の家断絶」と記されている。

この大崩壊によって帰雲城は埋没し、氏理をはじめとして３００人あまりが犠牲になった。一説には、死者１、５００人あまりとも伝えられる。

『宇野主水（もんど）日記』によると、「地震で山がゆり崩れ、各所で川が堰き止められて、内ヶ島氏の在所に大洪水が襲い、内ヶ島一族や家臣、住民のすべてが死亡した。他国へ行っていた４人が、在所に帰ってきたところ、そこは全体がすでに淵になっていた」と、当時の状況が記されている。

つまり、山体崩壊による土砂が庄川の流れを堰き止めて、大きな天然ダムを生じていたので

帰雲山の崩壊跡

ある。天然ダムは、上流約12キロにまでわたっていて、川の水は20日間も下流に流れなかったといわれる。

山崩れによって埋没した帰雲城については、謎が多く、その正確な位置もいまだに不明である。庄川の右岸側にあったのか、左岸側にあったのかについても諸説があり、明らかになっていない。

崩壊を起こした帰雲山（１、６２２メートル）は、庄川の右岸にあって、今も大崩壊の跡を望見できる。したがって、謎の城がもし左岸側にあったとすれば、崩壊による大量の土砂が、右岸側から庄川の流路をこえて左岸側にのし上がり、城を埋没したことになる。

これについては、今後の調査研究にまつところろが大きい。

また、帰雲城については、当時の財宝が地中に眠っているという言い伝えがあり、しばしば探検隊も組織されてきたが、いまだに何も見つかっていない。

歴史を変えた大地震

振り返ってみれば、この天正大地震は、日本の歴史を大きく変えた地震でもあった。

というのは、この地震の2か月後に、秀吉の大軍は徳川家康の軍に総攻撃をしかける手筈になっていた。秀吉軍の勢力は約10万、家康軍は約4万といわれるから、家康の方に勝ち目はない。

ところが、大地震によって、家康討伐のための前線基地になっていた長浜城や長島城が倒壊し、兵糧米を備蓄していた大垣城も倒壊、焼失した。この事態に直面して、秀吉は家康討伐を諦めざるをえなかったのである。

したがって、もし天正の大地震が発生していなければ、家康は滅ぼされ、徳川幕府が権勢を振るった江戸時代は存在しなかったことになろう。

まさに天正大地震は、日本国の命運を左右したと位置づけることができるのである。

2　濃尾大地震

内陸直下の巨大地震

　１８９１年（明治24年）10月28日の朝６時39分、岐阜県を中心に大地震が発生した。震源地は、岐阜県中西部の根尾川上流域で、地震の規模はＭ８・０、北は仙台から南は鹿児島まで、広範囲にわたって震動を感じた。有感半径８００キロにも及ぶ巨大地震であった。「濃尾地震」と名づけられたこの地震は、日本で近代的な地震観測が始まってから、ただ一つだけ知られている内陸直下の巨大地震で、歴史時代に内陸部で発生した地震としては、天正の大地震に並ぶ最大規模のものであった。

　この大地震により、美濃・尾張を中心にして甚大な災害がもたらされた。家屋の全壊14万2、１７７戸、死者は美濃で４、８８９人、尾張で２、３３１人、その他の地域での死者もあわせると、７、２７３人にのぼっている。

「汽笛一声新橋を　はやわが汽車は離れたり――」という歌詞で始まる当時の鉄道唱歌は、東海道線を名古屋まで来ると、「名だかき金のしゃちほこは　名古屋の城の光なり　地震のはな

尾張紡績工場の惨状

しまだ消えぬ　岐阜の鵜飼も見てゆかん」とうたわれている。

この鉄道唱歌がつくられたのは、1900年（明治33年）のことだから、濃尾地震から10年近くを経ても、震災の記憶が容易には消えていなかったことをうかがわせる。「地震にあえば身の終わり（美濃・尾張）」という語呂合わせも流行したという。

名古屋市・岐阜市の惨状

都市では、名古屋市と岐阜市が大災害に見舞われた。

名古屋市では、848戸が全壊、死者190人を数えた。当時は宏壮な建物として注目を集めていた煉瓦づくりの名古屋郵便電信局が、瞬時に崩れ落ちて死者6人、共和学校では校舎が倒壊して死者10人あまり、名古屋監獄でも死者12人をだした。このほか、愛知県庁、警察署、控訴院、裁判所、名古屋市役所などの建物も倒壊した。名古屋や熱田の停車場も全壊してしまった。

熱田町では、やはり煉瓦づくりの尾張紡績工場が倒壊した。早朝とはいえ、４５０人の女子工員が働いており、うち38人が圧死したという。

倒壊した名古屋郵便電信局も尾張紡績工場も、明治時代になってから導入が進められた洋風の煉瓦建築物であった。これらの建築物は、もともと地震の少ないヨーロッパから伝来したものであり、日本のような地震多発地域に適用するには、耐震上きわめて問題があったといえよう。

名古屋市での災害の状況について、『濃尾惨状地震実記』には、次のように記されている。

「最初劇震の模様は、毫（いささか）も響音なくして恰も百雷の一時に落つるが如く、地下非常に鳴動すると覚ゆる間もなく、俄かに大地震動して坤軸（こんじく）も為めに砕くるかと疑はれ、地盤一体に亀裂を生じ、砂交りの濁水を吹き出だし、家屋は倒れ、或は傾きて瓦の飛ぶこと雨の如く、其勢の凄じさは譬ふるに物なく、砂塵濛々男女老若悲鳴を揚げて号泣し、人々一時は生きたる心地とてはなく、逃げ迷ふ男女が蹌（よろめ）めきつつ、飛び散る瓦や落つる梁に打たれて流す鮮血は淋漓（りんり）として路

落下した長良川鉄橋

上を染め、幾千百の圧死者は恰も蛙の踏み潰されたる如く、倒れし家屋の下に絶命したる状の惨憺は、「言語に絶へ筆紙に尽くすべくもならず」

濃尾平野では、地盤の液状化によるとみられる地割れや噴砂、噴水などが、いたる所に出現した。とくに木曽・長良・揖斐の三大河川の下流域は、地盤の軟弱な沖積平野であるため、被害が大きかった。

鳴海町では、井戸水が赤土色に濁って溢れだしたという。下ノ一色村（現・名古屋市中川区）では、ほとんどの井戸から、1・5メートルもの高さに砂泥まじりの水を噴きあげ、長さ200メートル、幅1・8メートル、深さ1・5メートルもの亀裂を生じた。

地盤の液状化現象は、震源から遠く離れた駿

岐阜市街大地震之図（岐阜県立図書館蔵）

河湾の沿岸や大阪の沖積平野でも発生したといわれる。

道路や河川堤防、海岸堤防などの亀裂や陥没、崩壊による被害も著しく、また橋梁の破壊や落橋などにより、交通が途絶した。長良川にかかる東海道線の鉄橋も、５スパンのうち３スパンが落下した。溜め池の破堤も各所で見られ、田代村（現・名古屋市千種区）のように、出水によって数十ヘクタールの土地が浸水し、人家１棟が流失した例もある。

岐阜市の災害は、さらに悲惨なものであった。その状況を、11月11日付けの『岐阜日日新聞』は、次のように報じている。

「俄然天地鳴動すると同時に大地は動揺して或は高く或ひは低く、見る見る欠裂を生じておびただしく噴水し、人家は右に揺り左に舞ひ忽顛覆して人畜をあつしし、しん動凡そ一分三十秒間にして止む。実にこのしゅん間は数万の人家を倒し数千の人命を絶ちたる修ら地獄の時代にして、決して人間界として見るべからざるなり。忽然として半しやうのひびき急に、岐阜警察署は失火の報を伝へて、岐阜市秋つ町厚見繭糸組合事務所より発火し、烟えん天にみなぎると見る間に四方一時に発火して木造町七曲町下新町か治屋町等同時に火烟を漲らしたり。去れども市民はしん災を避くるに急にして、毫（いささか）も火ばうの念なければ、一人として火を消さんとするものなく、長良川堤防を始め公園、岐阜警察、県庁、稲葉等の空地へ思ひ思ひに逃げ出して、徒（いたづら）に火烟を望見するのみ」

地震の直後、岐阜市内の各所から出火したものの、市民はただ地震動から身を避けることに精いっぱいで、初期消火を試みる者などいなかったことが読みとれる。

そのうえ岐阜市では、午後2時ごろから強い北西の風が吹きはじめて火勢が増し、夜8時ごろには市内一面の火災となった。はじめのうち、家財や荷物を持って避難していた人びとも、火勢に追われて荷物を捨てざるをえなくなり、命からがら逃げのびるありさまであった。岐阜市の火災が鎮火したのは、翌日の午前11時ごろだったという。

大垣町（現・大垣市）の被害も大きく、全壊家屋3、356戸、半壊家屋962戸を数え、全戸数の93パーセント以上が全半壊した。家屋の倒壊による死者は2、000人あまり、町内各所からの出火により、多くの焼死者がでたという。

根尾谷に現れた地震断層

根尾谷断層の活動

濃尾地震は、北西〜南東の向きに走る大きな断層帯で発生した内陸直下の巨大地震であった。断層帯の活動した範囲は、延長約80キロにわたっている。

震源地の根尾谷を中心にして、著しい地表の食い違い、つまり地震断層が出現した。とくに水鳥（みどり）村では、上下変位５〜６メートル（北東側が隆起）、水平変位２〜４メートルの左横ずれ断層を生じた。

根尾谷断層と呼ばれるこの断層崖は、国の天然記念物に指定されていて、現在も国道沿いで観察することができる。また代表的な地震断層として、地震関係の書物や地学の教科書などに、その写真が掲載されている。また根尾谷の現地には、「地震断層観察館」が建てられていて、その地下には、掘り下げられた断層の断面が保存されており、断層の姿を鮮明に観察することができる。

大規模な山地災害

濃尾地震が発生したとき、断層の真上にあった根尾村では、ほとんどの人家が倒壊するとともに、左右の山の斜面がいたる所で崩壊を起こし、山容は一変してしまった。田畑は位置を変え、橋も道路も土砂に埋まって、原形をとどめないありさまとなった。

このように、震源に近い根尾川や揖斐川の上流域では、無数の山崩れが発生し、典型的な山地災害の様相を呈した。とくに根尾谷の被害が大きく、総人口3、346人のうち、死者142人を数え、総戸数715戸のうち675戸が倒壊、家屋の倒壊率は94パーセントに達した。

当時、岐阜測候所長だった井口龍太郎は、地震から7日後の11月4日、根尾谷に入り、詳しい調査報告をまとめている。

「一大鳴動ト斉(ヒト)シク左右ニ聳エル山岳忽チ土砂烟霧ノ如ク昇騰シ、其近傍各村一時暗黒トナリ。其山形或ハ凸変シテ凹トナルモノ有リ。或ハ、崩壊シテ半身ヲ剥落裁断シ、又其位置方面ヲ変

根尾谷での大規模斜面崩壊

スルアリ」

　左右に聳える山がたちまち崩壊し、舞い上がった土砂が煙霧のように立ちのぼって、あたりが暗黒になったことが読みとれる。「凸変シテ凹トナル」というのは、山が崩れて、その跡が大きな窪みになったことを物語っている。美濃地方だけで、約1万か所の山崩れや地すべりが発生したという。

　また、11月5日の『岐阜日日新聞』は、根尾谷の惨状を、前日に現地から岐阜市に辿りついた川口鉄次郎の話として伝えている。

「黒津・長島の両村の山は全々崩壊して、両村の間に押し出し、満山赤山となり、地ばん或は陥り、或は裂け、為に運搬交通の道を断てりと、而して四面の山は、震動毎に苦石剥

水鳥村に生じた天然ダム

落し来り、其の危き事云ふべからず、故に各村民は高所に小屋掛をなし、難を避け居るよしなるが、死人・怪我人等は今以つて十分の調査できず、而して此地方人民の大傷多きは、元来北山地方は大なる炉を切り薪を焼く事なるに、震災の当時、朝餐の頃とて人々の炉の四辺につどひ居りし為なりといへり。再び住居(すまゐ)すべからざるにより、村民は高所高所へのがれ居るよしなるが、此の辺は運搬交通の不便なるため物価非常に騰貴し、塩一俵の価八〇銭なりといへば、其の他は推して知るべし」

このように、濃尾地震では、大規模かつ広域にわたる山地災害が発生したのである。

また根尾川は、崩壊した大量の土砂や断層

活動に伴う地形の変動によって堰き止められ、流域の8か所で天然ダムが形成された。その最大のものは、幹線道路を遮断したため、以後大正時代まで船を使って交通の便を計らねばならなかったという。

こうして山間部の村々は、長期にわたって深刻な社会的、経済的影響をこうむることになったのである。

山地激震の後遺症

濃尾地震は、最大級の内陸直下地震だっただけに、山間部には長期にわたる後遺症が残されることになった。激しい地震動によって、山には多くの亀裂が入るなどして、地盤が脆弱化した結果、大雨が降るたびに新たな土砂崩れが次々と発生するにいたった。

根尾谷では、地震から41日後の12月8日、大雨によって土石流が発生し、人家9戸を埋没した。その日の夜にも、大音響とともに山が崩れ、１８０メートル離れた人家を埋没した。

さらに、地震から4年を経た１８９５年（明治28年）、7月29日から30日にかけて豪雨が降り、その後やや小降りになったものの8月6日まで降雨が続いた。そのさなかの8月5日、揖斐川の支流、坂内川の右岸にあたるナンノ坂で、2回にわたり大崩壊が発生した。崩壊土砂量は153万立方メートルと推定されている。この崩壊によって、民家4戸が押し流され、4人が犠牲になった。

また、大量の土砂が坂内川を堰き止めたため、谷に沿って、長さ約1、500メートル、幅が最大で100メートルを超える天然ダムを生じた。崩壊した土砂による自然堰堤の高さは40メートルほどになったという。さらに大崩壊から6日後の8月11日、この自然堰堤は決壊し、川上村から下流の廣瀬村、坂本村などを大洪水が襲い、23戸が流出したのである。

災害はまだ続く。大地震から74年も過ぎた1965年(昭和40年)9月、台風24号に刺激された秋雨前線による豪雨によって、根尾白谷や徳山白谷で大崩壊が発生した。これも、濃尾地震の長期的な影響と考えられている。

ひとたび山地が激震に見舞われると、地盤の弱体化による後遺症が、いかに継続するかを、これらの事例は物語っているといえよう。

第2章　京都を襲った直下地震

平安時代の大地震

古都京都は、昔からしばしば内陸直下の大地震に見舞われている。

平安時代後期にあたる11世紀後半～12世紀に編纂されたとされる『日本紀略』や、当時の私撰歴史書である『扶桑略記』には、９７６年7月22日（貞元元年6月18日）に発生した京都大地震の記述がある。

それによると、申の刻（午後4時ごろ）、京都の町が激しく揺れ、雷のような響きとともに、多くの建物が倒壊した。左京、右京の被害がとくに大きく、八省院、豊楽院、東寺、西寺、極楽寺、清水寺、円覚寺などが倒壊しており、まさに未曾有の大地震だった。清水寺では、僧侶など50人が圧死した。また、近江国分寺の大門が倒れ、仏像もことごとく破損し、国府の庁舎や雑屋30棟あまりが倒壊し、関寺の大仏も破損したと書かれている。

この地震は、琵琶湖の南部あたりを震源として発生したもので、その規模はM6・7前後だったと推定されている。

『方丈記』に載る京都の震災

「ゆく河の流れは絶えずして、しかも、もとの水にあらず――」という有名な書きだしで始まる鴨長明の『方丈記』には、その第2節に、京都大震災の模様が記されている。

「また、同じころかとよ、おびただしく大地震振ること侍りき。そのさま、よのつねならず。山はくづれて河を埋み、海は傾きて陸地をひたせり。土裂けて水涌き出で、巌割れて谷にまろび入る。なぎさ漕ぐ船は波にただよひ、道行く馬は足の立ちどをまどはす。都のほとりには、在々所々、堂舎塔廟、一つとして全からず。或はくづれ、或はたふれぬ。塵灰たちのぼりて、盛りなる煙の如し。地の動き、家のやぶるる音、雷にことならず。家の内にをれば、忽にひしげなんとす。走り出づれば、地割れ裂く。羽なければ、空をも飛ぶべからず。龍ならばや、雲にも乗らむ。恐れの中に恐るべかりけるは、只地震なりけりとこそ覚え侍りしか」

ここでいう〝海〟とは、琵琶湖を指している。「海は傾きて陸地をひたせり」という記述は、琵琶湖の沿岸部が沈下したことを表したものであろう。

この大地震が発生したのは、1185年8月13日（元暦2年7月9日）で、壇ノ浦の合戦によって平家一門が滅亡してから3か月あまり後のことであった。

そのため、「平家の怨霊が地震を起こしたのではないか」という噂が広まったといわれる。

この地震では、琵琶湖の南部から京都にかけて大災害となり、とくに白河付近の被害が大きく、法勝寺の九重塔や阿弥陀堂、南大門などが倒壊し、法成寺の回廊も転倒した。比叡山の建物も、ほとんどが倒壊あるいは傾いてしまった。京都市内でも、多くの民家が倒壊し、多数の死者がでたという。

近年の活断層調査から、この地震は、琵琶湖西岸断層帯の一部が活動して起こした可能性が高いとされていて、地震の規模はＭ７・４前後だったと推定されている。

以後、京都では、15世紀までに顕著な被害地震が発生している。

１３１７年2月24日（正和６年1月５日）には、京都東方の白河付近を震源とする地震（Ｍ６・５〜７・０）が発生、白河で人家がことごとく倒壊して死者５人、清水寺から出火して、塔や鐘楼が焼失した。

１４４９年5月13日（文安6年４月12日）には、京都の街の直下を震源として地震（Ｍ５・７〜６・５）が発生し、東寺の築地が崩れ、南大門などが破損、淀川や桂川に架かる橋が落下した。

秀吉の城が潰れた大地震（慶長伏見地震）

1596年9月5日（慶長元年7月13日）、京都の南部を中心に大地震が発生した。地震が起きたのは深夜で、文献によっては、〝子の刻〟としてあったり、〝丑の刻〟と書いてあったりするので、5日の午前0時から2時ごろまでの間だったのであろう。

「畿内大地震、子の刻比よりゆり出し、大地裂け、水涌出、京伏見の家々数多ゆり崩し、死亡の者数を知らず、洛陽大仏の像なども破裂く、就中伏見城内の地震強して、殿屋倒れ崩れ、上臈女房七十三人中居下女の類五百余人横死せし由也」（『細川家記』）

天下統一を果たした豊臣秀吉は、晩年になって、京都の伏見に豪華な城を築くことを計画した。城の建設に着手したのは1592年（文禄元年）だったが、このとき秀吉は、京都の所司代に宛てた書簡に、「ふしみのふしん、なまつ大事にて候まま」と記している。〝なまつ〟とは、地震鯰のことであり、〝なまつ大事にて〟というのは、普請にあたっては、地震対策をしっかり進めてほしいという意味なのである。

その背景には、6年前、1586年の天正大地震のとき、恐怖のあまり、琵琶湖西岸の坂本城から、急ぎ大阪へ逃げ帰った秀吉の苦い体験があったからであろう。

こうして完成した伏見城に秀吉が入城したのは、1594年（文禄3年）の夏であった。しかし、秀吉の当初の懸念は不幸にも的中して、2年後の大地震により、天守閣は大破し、城内だけでも数百人の死者がでたのである。深夜の城内で激震にあった秀吉は、淀君や当時5歳だった息子の秀頼とともに、命からがら城の内庭に避難した。

地震発生直後、いち早く城に駆けつけたのは加藤清正であった。彼は300人ほどの手兵を率いて登城し、城門を固めるとともに救助活動を行い、城の警護にあたったという。

清正は当時、「文禄の役（えき）」として知られる朝鮮出兵から帰国したあと、石田三成や小西行長の中傷を受けて、秀吉から謹慎を命じられている身であったが、地震直後の清正の貢献に感動した秀吉は、その謹慎を解いたという逸話がある。

この逸話の真偽のほどは、いまひとつ明らかではないが、これを題材にした作品が歌舞伎の舞台に登場する。『増補桃山譚（がたり）』、通称『地震加藤』という外題で、1873年（明治6年）に東京の村山座で初演された。今はほとんど上演されることはないが、明治時代にはしばしば演じられており、九世市川團十郎の加藤清正は、当たり役だったと伝えられている。

地震が起きたとき、文禄の役の講和を結ぶために、明（みん）からの使者が日本を訪れていた。そして、いよいよ秀吉と対面しようという矢先の大地震であった。大坂で待機していた明の使者も、数人が犠牲になったという。

地震による被害は、広範囲に及んだ。京都三条から伏見にかけての被害がとくに大きく、伏見城のほかにも、東寺や天龍寺、大覚寺などが倒壊、民家も数多く潰れた。堺でも、地盤が悪いためもあってか、約600人が死亡している。

「慶長伏見地震」と呼ばれるこの地震の規模は、M7・4～7・5程度だったと推定されている。

1995年（平成7年）に阪神・淡路大震災をもたらした兵庫県南部地震は、六甲～淡路断層系の活動によるものだったが、その東に隣接して、有馬～高槻断層系が走っている。近年、この断層系の9か所で発掘調査が行われた。

その結果、有馬～高槻断層系の最新の活動は、安土桃山時代から江戸時代の初期にかけてであったことが明らかになった。1596年の慶長伏見地震は、まさにその時期にあたっていて、この地震が、有馬～高槻断層系の最新の活動によるものだったと推測されるにいたったのである。

活断層研究の成果として、歴史に残る大地震の地震像が明らかになった典型的な事例といえよう。

寛文近江・若狭地震

１６６２年６月16日（寛文２年５月１日）、琵琶湖西岸地域や若狭国を中心に大災害をもたらした大地震が発生した。京都でも、民家約１、０００戸が倒壊し、死者２００人あまりを数えた。「寛文近江・若狭地震」と呼ばれている。

「京都地震、禁裏、院中、二條之御城御番衆小屋等、悉破損、町屋総家敷、千軒余潰、死人男女共弐百人余有之由にて、地震不止（やまず）」（『殿中日記』）

「五月一日癸酉、午刻大地震、厦屋傾、築地土蔵破壊、土裂泥涌、祇園石鳥居倒、五條石橋二十余間陥、伏見城山大崩――」（『続史愚抄（しぐしょう）』）

琵琶湖の西に連なる比良山地では、多数の斜面崩壊が発生、葛川（かつらがわ）谷では大規模な山崩れによって集落が壊滅し、死者５００人を数えた。

『玉露叢（ぎょくろそう）』には、「同国志賀、辛崎両所之内、一万四千八百石之内、田畑八十五町歩余ユリコム」という記述がある。この〝ユリコム〟というのは、地震動によって、地盤が沈降あるいは水没したことを意味すると思われるので、琵琶湖西岸の志賀や辛崎で、田畑84ヘクタールあまりが水面下になったのであろう。

琵琶湖から北へ20キロほど離れた三方（みかた）五湖の周辺も、激しい揺れに見舞われ、家屋の倒壊とともに多くの死者がでた。小浜城の天守閣も破損したという。

地震に伴い、若狭湾の沿岸から三方五湖の東部にかけて、著しい隆起が見られた。三方五湖の久々子湖で約3メートル、水月湖・菅湖の東部から流出する気山川で、3～4.5メートルも隆起した。この隆起によって、互いに連なっている三方湖・水月湖・菅湖の水は、排水路を失ったかたちとなり、湖の水位は徐々に上昇して、湖畔の村々が水没していった。そのため、新しい排水路を開鑿するための緊急工事が行われ、1年後には元に復することができたという。

この地震による死者は、被災地全体で880人あまり、家屋の倒壊4、500戸前後とされている。広域にわたった震害や地盤変動などから、この地震の規模はM7.3～7.6と推定されている。

最近の調査から、この寛文近江・若狭地震は、2つの地震が連続して発生したものと考えられており、はじめに若狭湾沿岸の日向断層が活動し、続いて琵琶湖西岸の花折断層北部が活動した双子地震だった可能性が高いとされている。

京都に大きな被害をもたらしたのは、2つ目の地震だったと推定される。

天保の京都地震

1830年8月12日（天保元年7月2日）の午後4時ごろ、京都の北西、亀岡盆地あたりを震源とする地震が発生した。推定規模はM6・5、京都市内は激しい揺れに見舞われた。

「——大地震ひ出で、夥敷（おびただしく）ゆり動しければ、洛中の土蔵築地抔（など）大にいたみ、潰し家居も有り、土蔵の潰れしは数多（あまた）ありて、築地高塀などは大方倒れ、怪我せし人も数多也、昔はありと聞けど、近く都の土地に、かく烈しきはなかりければ、人々驚き恐れて、みなみな家を走り出で、大路に敷もの鋪（しき）、假の宿りを何くれといとなみ、二三里の程は家の内に寝る人なく、或るは大寺の境内に移り、或は洛外の河原に移り、西なる野辺に集て夜を明しける——」（『地震考』）

「——見る見る家蔵の震動する事、宛（あたか）も浪の打来る如く、其上土蔵、高塀、或は石燈籠、又器物道具の崩砕る音、千万の雷、頭上に落かかるが如く、往来の人は大道に蹲（うづくま）り、家に有る者は畳にひれ伏し、今や棟梁の為に圧死するかと膽（きも）を消し、人々生たる心地無りしが——」（『聞集録（ぶんしゅうろく）』）

内陸直下の地震だったため、地震の規模のわりには、市街地に大きな被害をもたらしたのである。洛中洛外では、ほとんどすべての土蔵に被害を生じたが、民家の倒壊は比較的少なかった。二条城の本丸が大破し、京都御所も破損した。壁や瓦、庇などの落下がおびただしく、家が鳥籠のようになったという話もある。地割れから泥を噴きだしたという記述があるから、地盤の液状化も発生したと考えられる。

死傷者の数は、文献によってまちまちだが、『日本被害地震総覧』では、京都での死者は280人、負傷者1,300人とされている。死者のなかには、倒壊した土蔵に押しつぶされたり、鳥居や塀、石灯籠の下敷きになった者、落ちてきた瓦に頭部を直撃された者などがあったという。一条堀川では、そば屋が川に崩れ落ち、客6人が即死した。都市直下の地震で、上下動が激しかったものと思われる。

危険都市・京都

このように、古都京都は、しばしば大きな災害を招くような地震に見舞われてきた。地震の震源は、京都および周辺の内陸直下であったり、琵琶湖の周辺で起きた地震であったりする。

ところが、1830年の京都地震以後、180年以上も京都は大震災に遭っていない。現代の京都にとって、地震は忘れられた存在になっているのではないだろうか。

しかし、京都盆地の東には、花折断層の南部や桃山～鹿ヶ谷(ししがたに)断層、西には水尾～樫原(かたぎはら)断層が走っていて、それぞれ山地と盆地の境界をなしている。つまり、京都は活断層に囲まれた都市ということができよう。

しかも京都は、戦災を免れたこともあって、老朽化した木造家屋の密集している地区もある。そのうえ、ひとたび地震火災が発生すれば、消防車も入れないような小路が縦横に走っている。そこに、年間数千万人という不特定多数の観光客が訪れている。震災に対しては脆弱な都市環境ということができよう。

それだけに古都京都は、過去の震災に学びつつ、防災力の強化をいかに進めていくかが問われているのである。

第3章　19世紀、東北地方を襲った直下地震

1　象潟は地震で消えた

芭蕉が描写した象潟

「江山水陸の風光、数を尽くして、いま象潟(きさかた)に方寸を責む」

俳人松尾芭蕉が、『奥の細道』への旅で、象潟を訪れたときの有名な書きだしである。

1689年（元禄2年）の春、江戸を発って奥羽長途の旅に出た芭蕉は、日光、那須、松島、平泉などを経て、最上川を下り、羽黒山、月山に登ったあと、酒田の港に着いた。そして7月31日（旧6月10日）、酒田から憧れの象潟へと向かったのである。

「西の松島」ともいわれた象潟は、芭蕉の旅の大きな目標の一つであった。江戸を出立してから2か月半あまりが過ぎていた。

降りしきる雨のなかを、「雨もまた奇なり」としながら、象潟へ着いた芭蕉は、翌朝、一転

して晴れあがった空のもと、象潟の海に舟を浮かべる。

「まづ能因島に舟を寄せて、三年幽居の跡を訪ひ、向ふの岸に上がれば、「花のうへ漕ぐ」と詠まれし桜の老木、西行法師の記念を残す――（中略）――江の縦横一里ばかり、おもかげ松島に通ひて、また異なり。松島は笑ふがごとく、象潟は憾むがごとし。寂しさに悲しみを加へて、地勢魂をなやますに似たり。

象潟や　雨に西施が　合歓の花」

美女の西施が憂いに閉ざされている姿にたとえるほど、芭蕉は象潟の風光に魅了されたのである。

この一節には、憧れの象潟に身をおいた喜びが、修辞のかぎりをつくして表現されている。松島の風景に明るさを見た芭蕉は、象潟の景観に深い寂寥の色を見たのであろう。

しかし、これほどの感動をこめて芭蕉が書き残した象潟の風景、穏やかな入江に多くの小島が点在し、かつては西行法師が「象潟の　桜は波に埋もれて　花の上漕ぐ　海士の釣舟」と詠んだその風光を、今はもう見ることができない。

この象潟の風光を失わせてしまったのは、実は、芭蕉が訪れてから115年後、19世紀の初頭に起きた大地震であった。

地震前の象潟の風景（にかほ市象潟町蔵）

鳥海山の噴火と象潟

そもそも、かつての象潟の風光は、太古の鳥海山の山体崩壊によって生じたものである。芭蕉が訪れたころには、象潟湖と呼ばれる入江には、多くの小島が浮かんでいた。これらの小島は、約2，500年前に鳥海山が大崩壊を起こし、岩屑（がんせつ）なだれが海に入って無数の島をつくった、いわば流れ山だったのである。

その鳥海山が、1801年（享和元年）、大噴火を引き起こした。これは、有史以来に知られる鳥海山の活動のなかでは、最も激しい噴火であった。このときの噴火の模様は、『鳥海山煙気之控』や『大泉叢誌』、『文化大地震附鳥海山噴火由来』などに詳しく記されている。

『文化大地震附鳥海山噴火由来』の著者である阿

1801 年鳥海山の噴火（『鳥海山煙気之控』より）

部正吉は、1801年の夏、活動が次第に活発化していくなかを、数人の仲間とともに鳥海山に登り、噴火に遭遇した人物である。

一行は噴火地点のすぐ近くにいて、大量の噴石が周辺に降りそそいできたのだが、幸い風上側にいたため、辛うじて逃げのびることができた。

その5日後に、若者を中心とする11人が、山頂の大物忌（おおものいみ）神社への参詣と噴火見物を兼ねて登山したところ、大爆発に遭遇し、噴石の直撃を受けて8人が即死した。

その翌日には大雨が降り、火山灰が雨水にまじって流下したため、川の水だけを頼りに生活していた人びとが、この水を飲んで胃腸障害を起こしたという。

以後、噴火はさらに激しさを増し、雷のような音が麓へも鳴りひびいた。これら一連の活動により、七高山と荒神ヶ岳の間に新山（溶岩ドーム）を生じた。この新山は、別名「享和岳」と呼ばれ、現在は鳥海山の最高峰（２、２３６メートル）となっている。

象潟地震の発生

鳥海山の活動は、その後数年間も続き、１８０４年（文化元年）には、荒神ヶ岳の東側山腹にある火口から噴火して、新しい噴石丘を生じた。

この年、鳥海山麓では、５月下旬ごろから、不気味な鳴動が続いていた。象潟の東にあたる長岡や小瀧では、井戸水が減少したり、濁るなどの異変がみられたという。

そして7月10日（旧6月４日）の夜10時ごろ、異様な山鳴りとともに、激震がこの地域を襲ったのである。瞬時に多数の家屋や寺院が倒壊し、土手は裂け、無数の地割れから泥水を噴出した。火災も発生し、小規模ながら津波も襲来した。

この地震は「象潟地震」と呼ばれ、被災地域は、出羽の本荘から、金浦、象潟、吹浦、酒田、鶴岡あたりまで、日本海沿岸の１００キロあまりに及んでおり、その規模は、Ｍ７・０前後と推定されている。

秋田県金浦町（現・にかほ市）に残る『金浦年代記』には、「此年六月四日夜四つ時前大地震未申の方より寄り来り、間もなく寄りなおし海山共に一丈余も高くなり低くなり其動くこと大木の枝はほうきとなり、大地をはぐ事恐しく、心も魂も身に是なく、大石の転び落るは手まりの山より降る如く家蔵共にばたばたと倒れ潰れ即死怪我の人馬は算数の尽すにあらず、大地割れて大底より硫黄臭き砂水涌き上る事登る滝の如し――」と記されている。この記事から、地震の揺れが〝未申の方〟、つまり南西の方角から寄せてきたこと、上下動が激しかったことなどが知られる。

また、同じ『金浦年代記』に載る、浄蓮寺九世知秀の手記には、地震が発生したときの町の様子が、詳しく記されている。

「此夜四ツ頃戌ノ刻ト覚シキ頃大地二、三尺モタヾ持上ル如ク思フ処ニ少時止ム　夫レ地震ヨ出ヨト云フ間モナク又寄リ来ル、大地震強キコト前ニ百倍ニ増リ前後忘却夢中ノ如シ、此時町中大方寝ル頃ナリ　未ダ寝ザル家モアリ、此の時多ク潰レシナリ、逃ル者外エ一足モ行歩コト不叶（カナハズ）、唯酒ニ酔ヒタル如シ、傍ニアル子供ヲ出スコトモナク親ヲ誘引スルコト不叶多クハ皆潰レタル家ノ下ニアリ出ル人ハ稀ナリ、家毎ニ我ヲ助ケヨトテ啼叫（ナキサケブ）声カマビシク此トキ家ノ下ニ即死ノ者十余人、馬ハ三ケ所手負数知レズ家百軒余潰ル　然ルニ山ト覚シク鳴動シテ鳴響ク音

雷チノ如シ　其ノ鳴ル毎ニ地ノ動クコト片時モ止マズ――（中略）――此時ニ当リ村々所々東南北ノ三方ヨリ火ノ出ルコト十二、三ケ処ニシテ四方雲霧ノ中ニ白昼ノ如シ」

この手記をさらに読み進むと、現地では、地震から約1時間後に大雨が降り、余震が頻々と続くなかで、浄蓮寺の背後の山から大石や樹木が崩れ落ちてきて、寺の裏口が潰されたと記されている。

最上川の河口に広がる酒田の町は、地盤が軟弱だったため、とくに被害が著しかった。1、400戸あまりが倒壊し、火災も発生した。各所で幅1メートルもの地割れを生じ、泥水が大量に噴きだして、あたりいちめん水びたしになったり、土地が陥没してしまったという。

これは明らかに、地盤の液状化現象によるものである。液状化は、酒田だけでなく、農耕地の各所で発生したことが、『金浦年代記』の記述から知られる。

「浜の田六七ケ処大地の底砂湧き上り埋り、岡の谷地谷地中六ケ処砂埋り地高くなり丸谷地砂吹き上げ、頃田（ころた）惣助田三百刈砂吹き埋り、頃田七ケ処十二林堀切り夥しく地高き世森大在神経塚山ノ田辺は石垣崩れ俄坂の門十郎田三郎平田砂吹き上げ大埋り」

この記述を読むと、新田を開発するために、他所から砂を運んできて谷地を埋めたてた耕地に、液状化被害の集中したことがわかる。

現在の象潟（かつての島々は今は小丘群に）

象潟地震による被害は、被災地全体で家屋の全壊5、393戸、死者は313人を数えた。なかでも象潟では、512戸のうち389戸が全壊し、74人の死者がでたという。

失われた景勝

この大地震で、何よりも人びとを驚かせたのは、象潟そのものの変貌であった。

「塩崎辺と象潟は姿形も無く皆ならし潰れ一丈も地は高くなり、金浦も一丈余りも高くなり潤形北国第一の名所も潤形もなく潰れ申候」（『金浦年代記』）

「由利郡象潟の名勝地は悉く隆起して、海上忽ち変じて陸となりしは惜しむべし」（『鳥海山煙気之控』）

「誠に象潟は奥に名高き名勝とて西行も
　松島の　小島の景は　景ならて　ただ象潟の　秋の夕ぐれ
　かやうに詠せし所も一震に荒果て茫々たる原となるこそ惜むべし」（『田中又右衛門聞書』）

あの象潟はすべて干上がり、海は遠く退いてしまっていたのである。

地震とともに大地は2メートル近くも隆起し、かつて奥の細道の旅で、松尾芭蕉が西行法師の故事を偲びつつ、舟を浮かべたあたりには、海底がそのまま陸地となって現れ、大小の舟が砂に埋もれたまま座礁していた。芭蕉が訪れた干満珠寺（かんまんじゅ）も、地震で潰れ、屋根を残すだけになっていたという。

この日を境にして、象潟の景勝はすべて失われてしまった。いま象潟を訪れてみると、青々とひろがる水田の上に、松林の茂る小さな丘がいくつも点在している。現在の水田は、象潟地震以前には海底だったところであり、点在する丘は、かつて象潟の景勝を形づくっていた島々だったのである。

まさに、大地震が招いた風景の損失だったといえよう。

2　陸羽地震と千屋断層

東北地方最大の直下地震

19世紀の末、東北地方は相次いで内陸直下地震に見舞われた。

まず1894年（明治27年）10月22日、庄内地方の直下でM7・0の地震が発生、庄内平野を中心にして3、858戸が全壊、2、148戸が焼失し、死者726人がでた。「庄内地震」と呼ばれている。

そして、この地震の2年後にあたる1896年（明治29年）は、まさに東北地方受難の年であった。

6月15日に三陸沿岸を襲った大津波（「明治三陸地震津波」）によって、2万2、000人もの犠牲者をだす大災害があり、それから2か月半を経た8月31日、内陸直下の大地震に見舞われたのである。

「陸羽地震」と呼ばれるこの地震では、209人の死者がでた。この地震は、東北地方の内陸部を震源として起きた地震としては最大規模のもので、規模はM7・2とされている。

激しい揺れに見舞われたのは、秋田県東部から岩手県西部にかけてで、秋田県仙北郡や岩手

千屋村の家屋被害

県の西和賀郡、稗貫郡（ひえぬき）などに被害が集中した。とくに、仙北郡の千屋、畑屋、飯詰、六郷などの町村では、75パーセント以上の家屋が全半壊した。のちの千畑町（現・美郷町（みさと））を中心に、全壊家屋は約5、800戸にも達した。

岩手県側でも、雫石や花巻で全壊家屋を生じた。とくに花巻は、地盤の悪いこともあって、44戸が全壊した。

陸羽地震が発生したのは、8月31日の午後5時6分すぎであった。本震の1週間以上前から、前震と思われる地震が発生していた。とくに、8月23日午後3時56分の地震（M5・5）では、仙岩峠付近で、道路に亀裂が走ったり、家屋の壁土が剥げ落ちるなどの被害を生じていた。それ以後も、毎日数回の有感地震があり、異常を感じた住民のなかには、大地震の襲来を案じて、避難の準備を始める家庭もあったという。
そして8月31日の当日、まず朝の8時38分にM6・8、午後4時37分にM6・4の地震が発生、その約30分後にM7・2の本震が発生したのである。

千屋村の惨状

『秋田震災誌』には、当時秋田測候所に勤務していた複数の技手が、「劇震地の模様」と題して、報告を載せている。最も被害の大きかった仙北郡千屋村の状況については、以下のような記述がある。

「此日午前九時三十分、やや強き地震あり。爾来時々弱震あり。其都度鳴動を聞く。且つ朝来異状の天候なりしを以て、人心何となく恐怖の念を起しつつ、唯此日の無事なるを祈り居りしが、第八回目に至り果然激震となり、家屋潰倒大地亀裂の惨況を呈するに至る。此地は小森山の麓なるを以て、山腹崩落の音響及び山麓亀裂の間より泥水の噴出する等、其状尤も凄しく、人民は殆んと逃走するの道なく、或は狼狽の余り炉中の焚火を消せずして逃出せるもの往々ありて、家屋の焼失七戸あり。実に其惨憺たる光景名状すべからず。而して此地は、地裂の箇所殊に多く、大は長さ三、四十間より巾四、五尺位に及ふものあり。且つ其間より泥水噴出して、其付近の被害殊に多し。小森山の麓なる西及南北の三方は、其土地巾五、六尺位突出し、又崩落せしもの数十箇所あり。即ち山麓の突出せる山麓の地は、其付近の地に比し堅固なるを以て、地震の波動茲に底滞して突出するの止を得ざるに依る」（船山貫一郎）

「当日は朝来陰鬱日光朦朧として東風強く、北西方より暗黒なる密雲起こり、空気蒸し熱く鳥類の如きは平日に異なり大に喧噪し、其光景甚だ険悪なりしが、果たして此劇震となり、家屋飛び人畜を圧し、土地裂て亀の如き悲愴惨憺たる災害を見るに至れり。家の倒壊は概ね東西にして、石碑の如きは転倒砕缺して、存立するものなし」（山本参之輔）

震源のほぼ真上にあった仙北郡千屋村の惨状が、詳細に述べられている。

家屋の倒壊や焼失とともに、地盤が液状化を起こして、地割れから泥水を噴出したことがわかる。このときの調査によれば、千屋村だけで、家屋の全壊が338戸、焼失7戸を数え、死者34人をだしたとされている。

地震断層が出現

船山技手の報告の最後に、「土地が幅5～6尺にわたって突きだし、数十か所で崩落が起きた」

山崎直方博士による千屋断層のスケッチ

と記述されていて、その原因については、「突出した側の地盤が、周辺よりも固かったために、地震波がここに停滞して、突出せざるをえなかった」と解説しているが、これは誤りで、実は地震断層が地表に出現したのである。

のちに東京帝国大学地理学教室を創設した山崎直方（なおまさ）氏は、当時大学院生だったが、地震のあと直ちに現地を調査し、この地震とともに、地表に食い違い、つまり断層が出現したことを記載し、詳細なスケッチを残している。

このスケッチからもわかるように、新たに生じた断層崖を挟んで、画面の奥の側が3メートルほど高くなっている。また、崖の斜面には多数の地割れが走り、口を開けていることもわかる。

このような断層の活動が、北は田沢湖南東の生保内（おぼない）から角館の東方を経て、南は横手に近い六郷付近まで、約30キロにわたって続き、地表地震断層を出現させたのである。

この地震断層は、地表の食い違いが最も顕著に現れた千屋村の名をとって、「千屋断層」と名づけられている。

千屋断層は、奥羽山脈の一部にあたる真昼山地と、西側の横手盆地とのあいだを、ほぼ南北に走る活断層で、陸羽地震のときには、東側の土地が最大3・5メートルも隆起した。水平ずれは見られず、傾斜角が20〜30度という低角の逆断層であった。

また真昼山地の東麓、岩手県側の和賀川に沿っても、地震断層が出現し、「川舟断層」と呼ばれている。川舟断層は、ほぼ北東〜南西の向きに走っていて、陸羽地震のときには、約15キロにわたって西側が最大2メートル隆起した。この断層も、水平ずれはなく、傾斜角が60〜80度の逆断層である。

つまり、千屋断層と川舟断層という2つの活断層が活動して、陸羽地震を引き起こしたのである。

断層に奪われた幼い命

2つの断層は、土地に上下の食い違いを生じただけでなく、土地を東西方向に押し縮める働きもした。とくに千屋断層に沿っては、土地が東西に3メートル以上も短縮した。

千屋断層を挟んで、東側の土地が西側の土地の上にのしあがるかたちとなり、1枚の水田が上下2段に分割されて、一部が重なりあう結果となった所もある。

山に沿って走る小道も、断層崖の下に埋もれてしまったため、道に面していた家屋は、出入り口を失ってしまい、のちに門をつけかえねばならなかったという。

地震が発生したとき、折悪しく7人の児童が山のきわで遊んでいた。男の子4人と女の子3人で、戦争ごっこをしていたという。日清戦争で日本が勝利した翌年だったから、子供たちのあいだにも、そんな遊びがはやっていたにちがいない。そこへ激震とともに、大地そのものが襲いかかってきたのである。

『秋田震災誌』には、そのときの惨状が記されている。

「日清戦争の遊戯中俄然激震となり、此遊戯せる場処は断層線に接したる地なれば、震動尤も激甚を極め、七名の児童とも皆地上より揺り飛され、小堰の内に転落せり。何れも慌て這上らんとする一刹那、頭上なる花岡山轟然として崩壊し来り、各々土中に埋没されたり。此七名の内高橋平十郎は、最も年長にて且つ平生敏捷なる者なれば、早も堰より跳り出て此難を避けしが、堰の内に頭髪の如きもの見ゆるより、力を尽し掘出せるに、果して高橋リエなれば、漸く其首たけを掘出し、其他は自分の力に及ばず、大声を揚け救ひを乞ひたるに、同村煙山佐吉な

保存されている千屋断層の食い違い（国指定の天然記念物）

る者第一に馳来り、之を掘上け、其後村人追々走集り、近傍を掘りて探りたるに、煙山正直外四名の児童は、無惨や土石に埋没され、共に非命の最後を遂げ居たるを発見せりと」

千屋断層が動いたちょうどその場所で遊んでいた７人の子どもたちは、地震の直後、のしかかってきた山側の地盤に呑みこまれてしまった。機敏に飛び出した最年長の男子と、村人に助け出された女子１人を除いて、残りの５人は、崩落した地盤の犠牲になったのである。

一方の土地が他方の土地にのし上がるという低角逆断層の活動が、幼い生命を奪ったことになる。

陸羽地震を起こした千屋断層の食い違い

は、現在の地形にもはっきりと残っており、地元自治体では、各所に標柱を立てるなどして、保存地区に指定している。

１９８２年に行われた千屋断層の発掘調査の結果、この断層の一つ前の活動は、約3、５００年前であることがわかった。つまり１８９６年の陸羽地震は、３、５００年ぶりの千屋断層の活動だったのである。

断層の発掘現場は、その後埋め戻されずに、雨風を防ぐ屋根もつくられ、地学教育の生きた教材として保存されている。

第4章　江戸を襲った直下地震

社会的混乱の時代

1855年11月11日（安政2年10月2日）の夜10時ごろ、江戸市中は強烈な地震に見舞われた。いわば都市直下地震で、「安政江戸地震」と呼ばれている。この地震により、当時の江戸を中心に大災害となった。幕府のお膝元であった江戸が大震災に見舞われたのは、1703年（元禄16年）に発生した海溝型巨大地震である「元禄地震」以来、ほぼ150年ぶりのことであった。

江戸地震の前年にあたる1854年（安政元年）には、12月23日と24日に、安政東海地震（M8・4）と安政南海地震（M8・4）が相次いで発生した。いずれも、南海トラフを震源として起きた海溝型巨大地震で、広域にわたる震害と大津波災害をもたらしていた。そして、この2つの巨大地震から約11か月後に江戸地震が発生したのである。

折からこの時代は、江戸幕府の鎖国政策が破綻し、幕藩体制の揺らぎが大きくなっていく国政の混乱期であった。

1853年（嘉永6年）には、ペリー提督の率いる黒船4隻が浦賀沖に現れ、幕府に国書を手渡して通商を迫った。江戸湾にまで侵入してきた黒船に、幕府は狼狽し、江戸市中は大混乱になったという。

やがてペリーの艦隊が立ち去ると、入れかわるようにして、プチャーチン率いるロシア艦隊が、日本との国交樹立を求めて長崎に来航した。

翌1854年3月、再び来航したペリーとのあいだで、日米和親条約が結ばれ、さらにそのあと、日英、日露の和親条約も締結されて、ようやく日本は海外に門戸を開くことになったのである。江戸幕府の鎖国政策は、こうして幕を閉じることになった。

このような激動の時代に、国内では大地震が続けざまに発生したのである。

江戸の直下で大地震発生

江戸地震による災害の状況については、『安政見聞誌（けんもんし）』や『時風録』、『破窓（やぶれまど）の記』、『なゐの後見草』など、多くの古文書に詳しく記されている。

「怪しき光りもの四方にひらめきわたるやいなや、大地俄に鳴動し、山川を覆（くつが）へし、人屋を震倒す事、一時に数万軒、其響恰も百千雷の落かかれる如し、いまだ二更の宵なれど、たまたま

江戸地震の惨状を伝える瓦版

ふしどにいりしものは、その物音に夢覚て、こはそもいかにと、こけつまろびつ泣わめきつつ逃(にげ)迷ふ、或るはそのまま押しにうたれ、あるは瓦にあたり、石につまづき、溝におちいり、傷つく者も少からず、うからやからを救ふとて、其身もろとも死するもあり、漸く我家をのがれ出て、隣れるいへに打倒さるるもあり――」（『時風録』）

『破窓の記』は、日本橋の一家主であった城東山人こと岩本左七が、江戸地震の体験記・取材記を克明に記したもので、興味深い内容となっている。

　地震発生時の自宅の状況について、「ぐわらぐわらひしひしと千よろづの雷鳴りわたるやうなるに、人人のをめき叫ぶこゑ、をちこちに聞ゆ、をりしも二階に積たる書櫃、又居間の架より雑具ども頽(くず)れおち、壁又障子などは浪のうつやうに見え、天井、鴨居動きひしめき――」。そして、揺れが治まったあと、山人は自宅の屋根に上り、周辺で発生した火災の状況を観察している。

さらにこのあと山人は、10日あまり、市内各所の被災状況を視察し、詳細な見聞記を残している。「今度の地震、山川高低の間、高地は緩く、低地は急也、其体青山、麻布、四ツ谷、本郷、駒込辺の高地は緩にて、御曲内、小川町、小石川、下谷、浅草、本所、深川辺は急也、其謂(いは)れ、自然の理(ことわ)り有べし」。

つまり、台地の被害は小さく、低地の被害は大きい。いわば、地形や地盤によって、被害の差が生じているのは、自然の道理なのだ、と結論づけているのである。

城東山人が見わけたとおり、江戸市中では、家屋などの被害が、地盤環境に左右された。地盤の軟弱な下町での被害が大きく、その模様から、震度6強~6弱になったと推定される。浅草では浅草寺五重塔の九輪が曲がり、谷中天王寺の五重塔の九輪も、折れて落下した。小石川にあった水戸藩中納言上屋敷では、屋敷がすべて崩れ、長屋も38棟倒壊したという記録がある。

また、現在の日比谷から丸の内、大手町にかけても、震度6強に相当する激しい揺れに襲われた。とくに、大手町から丸の内の大名屋敷の被害は甚大だった。多くの大名の上屋敷や中屋敷で、番所が潰れたり、櫓が倒壊、いくつもの屋敷が焼失するなどの被害となった。

　そもそも、日比谷の〝日比（ひび）〟は、〝海苔ひび〟が語源で、昔は入江で海苔の養殖が行われていたのである。この日比谷入江は、17世紀のはじめ、幕府によって埋め立てられ、町づくりが進められてきた。入江を埋め立てた土砂の厚さは、丸の内付近で約10メートル、日比谷では約20メートルに達するという。こうして、軟弱な表層地盤が形成され、地震の揺れを増幅したものとみられる。

　それゆえこの地域は、１７０３年の元禄地震、１８５５年の江戸地震、さらには１９２３年の関東地震でも、共通して甚大な被害に見舞われてきた。埋め立て地盤の脆さを示す好例といえよう。

中村仲蔵の手記

　当時、歌舞伎役者であった中村仲蔵は、この夜に遭遇した大地震について、詳しい手記を残している。仲蔵は、現在の両国一丁目にあった中村屋で出演をすませたあと、鰻飯を食べ、やがて四つ（午後10時）の鐘を聞く。

「さらば帰らんと身拵（ごしら）へして煙管を仕舞ひ火鉢へ寄り、小光が何やら話して居るゆゑ、夫（それ）が切れたら暇（いとま）乞ひせんと扇を持ち聞いてゐると、地よりド、、、、と持ち上る。皆々女の事ゆゑキャッといつて立騒ぐ。我れ之を鎮め騒ぐ事はない、是は地震の大きいのだといふ時に、小みつは親方座って居ずとマアお立ちでないかといはれ、成程座って居るにも及ばぬと思つて立て歩行き出すと揺れ出し、足を取られて歩行自由ならず。併し死なむ運にや心周章狼狽（らうばい）せず、我が前へ倒れし老女など助け起しやり、階子（はしご）の口へ来り手摺（てすり）へ手を掛けしが、向ふの丸窓の壁バラバラと落ちるを見て、下に降りて潰れたら二階だけ余計に荷を背負ねばならぬ、屋根へ出るが上策ならんと思案なし――」

この手記から推測されることは、最初のド、、、、は初期微動であり、少しあとに立って歩きだそうとしたときに主要動が到達して、歩けなくなったものと思われる。また、「下に降りて潰れたら二階を背負わねばならぬ」というのは、大地震のときには1階が潰れて2階が残るということを、経験的に知っていたからであろう。

このあと仲蔵は、屋根へ上がろうとするのだが、恐怖の体験をする。「尺槻角の敷居を右の足にて跨ぎし折柄、メリメリと頭上の天上破れ大梁顕（あら）はれる。南無三之を受けては溜まらぬと踏み出したる右の足を退くと畳の落ちたる穴へ踏み落し、右の肋を敷居にて打ち息の止まる許（ばか）

りに思ふに、又頭を後ろよりポンと打たれ、其まま俯伏(うつぶせ)に前の方へ倒れると、是と仝時(どうじ)に二階中の灯火消へ頭より襟首筋へザッと砂を冠る。其うち震動も止み世間もシンとなる」

ほうほうの態で屋根へ上がると、すでに各所で火の手の上がっているのが見えた。やがて仲蔵は、船頭に助けられて隅田川を上り、浅草の自宅に辿りついた。

中村座は、古いとはいえ、当時としてはかなりしっかりした建物だったらしいが、それが全壊したのだから、本所あたりは震度6強に相当する揺れに見舞われたものと思われる。

江戸下町での倒壊家屋は、1万4、000戸あまりに達した。山の手では、家屋の損傷は比較的軽微だったが、土蔵の壊れたものが目立ったという。

火災も発生した

激震によって、瞬時に多数の家屋が倒壊したため、江戸市中の30か所あまりから出火した。

以下は、自宅の屋根に上って火災の状況を描写した城東山人の手記である。

「人々火のあやうし、火所に心せよとしはがれ声をあげつ。さるをりから火のおこりしを知らす半鐘のおと、そここに聞ゆ。屋の上によぢ登りて見れば、東は本所、巽(たつみ)は深川、西は丸の内、乾(いぬゐ)は小川町、南は京橋の辺り、北は下谷、艮(うしとら)は千住、吉原、浅草、すべて火の口はたちばかり見ゆ。丸の内、京橋の辺り杯（など）の近きは、火の子ちりぼむ、家々の燃ゆる音さへあからさまにて、いとすさまじ。其夜は北風にて、京橋の火は我をる町をしりにせれば、気づかしからず。又丸の内の火は、火の行かたはらにあたれり。小川町のは追風にていといとあしければ、とにかく火のやう見んと。家を出づ。時に丑の刻ばかりなり」（『破窓の記』）

家屋の倒壊率が高かった地区で、いっせいに火の手が上がり、地震から4時間後にあたる丑の刻（午前2時）にも、燃えつづけていたことがわかる。

江戸での焼失面積は、約2・2平方キロに及んだという。

『破窓の記』には、江戸市中の出火地点が、たとえば次のように書き連ねられている。

「一　南本所石原町、火元家主久右衛門、一口也、

一　南本所元瓦町、同所小梅瓦町、一口、火元は元瓦町家主新蔵也、

一　本所花町、同所緑町一、二、三、四、五町迄、総而（そうじて）一口、此火元花町家主徳兵衛、緑町一丁目同市五郎、同二丁目余兵衛、同五丁目安兵衛、右四人也――」

ここに火元として書かれているのは、いずれも家主の名前である。さらに添え書きとして、「斯る変事に依て人にはからずも家を捨て退きのがれたる後に、あやまちて家より火の出るものは、

おのづから皆家主の罪を得るもの也、さればすべて家主をもてここに火元とす」とあり、家主の家からの出火でなくても、責任はすべて家主に帰せられていたことがわかる。当時の町内組織の一端をうかがい知ることができよう。

ただ幸いなことに、地震の起きた夜は、風がおだやかだったため、火災はほとんどが火元の周辺で消し止められていて、関東大震災のときのような広域火災にはいたらなかった。翌朝の10時ごろには、大部分が鎮火したという。

江戸城でも、櫓やほとんどの門、塀、石垣などが崩れ落ち、西丸下や大手前などの武家屋敷が、倒壊あるいは焼失した。火消屋敷の火の見櫓では、屋根が崩落して、櫓の上にあった太鼓や半鐘が、どこかへ飛んでいってしまったという。

江戸地震による死者の数は、統計によりまちまちだが、武家5、000人、町人5、000人、計1万人前後ともいわれている。当時の江戸の人口は、武家、町人あわせて100万人あまりとされているので、死亡率は約1パーセントということになろう。

江戸下町を中心とした被害分布などから、この地震の規模はM7・0〜7・1、震源は、東京湾北部付近だったと推定されている。

新吉原の惨状

大災害となった江戸市中で、とりわけ酸鼻をきわめたのは、遊郭の新吉原であった。

遊郭の吉原は、かつては現在の人形町のあたりにあったのだが、１６５７年（明暦3年）に起きた「明暦の大火」のあと、幕府の命によって、浅草の山谷田圃に移転させられていた。水田を埋め立てて造成されたわけだから、地盤が良いはずはない。そこに激しい揺れが襲いかかり、大災害となったのである。

しかも、地震の起きた夜10時ごろといえば、遊郭はまさに歓楽のさなかであった。「殊更吉原は遊客の夜興いまだなかばならざる時なれば、数千の男女、楼上楼下に立ちさわぐうち、忽ち震倒され、郭(くるわ)中一時に猛火となりて、生き残りしはまれなりとぞ」（『時風録』）

地震動によって倒壊した家々から、たちまち出火して、逃げまどう人びとの上に猛火が襲いかかったのである。遊女も客も、折り重なるようにして焼死したという。

遊郭は堀に囲まれていて、普段の出入り口は大門1か所しかなかった。親が前借りをして働いている遊女たちが逃げださないように、検問を厳しくしていたからである。

しかし緊急時には、数か所あった反り橋を下ろして堀に渡し、郭の中の人びとを避難させる手筈になっていた。反り橋は、いわば緊急避難設備であった。ところがこのとき、反り橋は一

新吉原の惨状を描いた瓦版

つも下りなかったのである。

「されば、裏々の反橋を下すに暇なく、又たまさか下さんとするもの有ても、反橋損じて渡す事かなはず、大門一方の出口となるゆゑ、煙にまかれ、火に焼れ、家に潰され、又幸におしをまぬかれたるも、家根をこぼち壁を破りて助け出すの人なければ、空しく火の燃来るを待って焼死す」（『江戸大地震末代噺之種』）

反り橋を下ろそうとしても、地震の揺れでゆがんだのか、長いあいだ使わないうちに、破損したり錆びついたりしていて、堀に渡すことができず、その結果、大門だけに人びとが殺到してパニックとなり、死者を増やす原因となったのである。猛火に追われて堀に飛びこみ、溺死した者も少なくなかったという。

いかに緊急時の防災設備を用意していても、常時の点検を怠ったり、災害時の対応策を整えていなければ、いざという時に役立たないことを、この事例は物語っているといえよう。

新吉原での死者は、1、000人前後だったといわれている。江戸地震全体の死者は約1万人とされているから、ここだけで全体の約1割を占めていたことになる。

地震は終わったが――。

江戸市内の各所で発生した火災は、翌朝にはほとんど鎮火した。やがて人びとは落ち着きを取り戻し、家を失った家族は、竹や筵で仮小屋を造って雨露をしのぐことになった。しかし、余震がたえまなく大地を揺らし、心を休めることはできなかったという。

肉親を失った人びとは、遺体を掘りだしては寺へと運んでいった。しかし、あまりの数の多さに早桶も払底し、仕方なく遺体を酒樽や油樽、天水桶などに入れたり、菰や布団にくるんで寺へ運んだという。寺でも、一つ一つ穴を掘るいとまもなく、かたわらに遺体を積み上げておいたまま、土を掘り下げ、いっせいに埋葬したといわれる。

一方、市内には怪我人が溢れていた。そのため、数少ない外科医や接骨医などは、たいへんな忙しさであった。

『なゐの後見草』には、次のような一説がある。

「薬研堀(やげんぼり)を巡見するに、夥(おびただ)しく人の群居て駕籠抔(など)立並べたれば、何事やらんと問ふに、接骨療治名倉弥次兵衛が出張所也と言ままに立よりて見れば、女乗物十挺許り、其余の駕籠二十余挺、又釣台に載たる病人、長持に入たる疵人(けがにん)おびただし、且あたり近き茶屋及び明屋を借りて臥居(ふしゐる)ものも甚だ多し、往還は行かひならぬ迄立つどへり、頓(やが)て内方より病人をよび入るるをきくに、第百八十三番と呼ばりたり、此時まだ昼九時半前なるに、かく数番の療治人なれば、一日の内にはいづれ三百余人は来るべきや――」

震災による負傷者が街に溢れていたことを窺い知ることができる。

下町では、倒壊家屋が道路をふさいでしまい、通行もままならなかった。川筋などでは、1メートル以上の亀裂を生じて、道路に谷ができたようになっていた。牛込や本郷など、坂の多い地区では、坂道の切通しが崩れて、道をふさいでいた。

四谷では、玉川上水の埋樋が破損して、数か所から水を噴きだし、大木戸から麹町までの大通りが通行できなくなった。深い水たまりに落ちこんで、思わぬ災難に遭う者さえあったという。

江戸地震の災害を描写したあと、『時風録』の作者は、次のように記している。

「ここにおいて日頃遊惰嬌逸の輩(やから)も、はじめて夢の覚めたる如く、太平の有難かりしをしりて、自ら大工、左官の手伝、あるははちもちなどして、衣は寒さを凌ぎ、食は飢えを凌ぎ、家は風雨をしのぐにさえ足ればなど云あへるも、心のまことにかへれるにや、殊勝にも又哀れ也」

まさに、現代社会にも通ずる教訓ではないだろうか。

第5章　昭和初期の内陸直下地震

1　北丹後地震

京都府北部の直下地震

１９２７年（昭和２年）３月７日の午後６時27分、京都府の北部、丹後半島の付け根にあたる部分を震源として大地震が発生、２、９２５人の死者をだす大災害となった。約10万５、０００人という歴史上最大の犠牲者をだした１９２３年（大正12年）の関東大地震から４年後のことである。

「北丹後地震」と名づけられたこの地震は、前年の12月25日に大正天皇が崩御し、元号が昭和に変わってから、わずか２か月あまりで起きた大地震であった。いわば、昭和の時代の幕開けを襲った大震災だったのである。

当時はまだ、４年前に起きた関東大震災の後遺症が、日本経済に重くのしかかっているさなかであった。そのうえ、この地震の８日後の３月15日、東京渡辺銀行に端を発した銀行の取りつけ騒ぎが、全国に波及して、金融大恐慌の引き金となっている。まさに、昭和の激動期を予感させるような大震災であったといえよう。

　北丹後地震は、活断層の活動によって発生した内陸直下地震で、規模はＭ７・３、１９９５年１月17日に阪神・淡路大震災をもたらした兵庫県南部地震や、２０１６年４月16日の熊本地震と、ほぼ同規模の地震であった。

　実は、この地震が起きる２年前、１９２５年（大正14年）の５月23日には、すぐ西に隣接する地域で、北但馬（きたたじま）地震（Ｍ６・８）が発生していて、兵庫県北部の豊岡や、温泉地として名高い城崎（きのさき）などで、多くの民家や温泉旅館などが倒壊した。火災も発生して、４２８人の死者がでている。その余燼がまだくすぶっているなかで、北丹後地震が発生したのである。

直下地震の脅威

　地震による被害は、北近畿を中心に、中国・四国地方にまで及んだが、なかでも被害が集中したのは、丹後半島の付け根にあたる約15キロの範囲であった。

　日本三景の一つとして知られる「天橋立」付近から、現在の北近畿タンゴ鉄道の路線に沿っ

焼野原となった蜂山町

て、網野・峰山・山田などの町（現・京丹後市）で被害が大きく、家屋の倒壊率は、70〜90パーセントにも達した。

この年の冬はとりわけ寒く、降雪も多かったため、地震の起きた3月初旬になっても、まだ1メートルほどの積雪があった。そのため、地震の激しい揺れのうえに、雪の重みが加わって、多数の家屋が倒壊したのである。全壊した家屋は、約1万3、000戸にものぼったという。

しかも地震の発生が、夕食の準備で火を使う時間帯と重なっていたことから、各地で火災が発生した。

2年前の北但馬地震で、大きな打撃を受けていた城崎では、火災によって2、300戸以上が焼失した。峰山町、網野町、与謝野町では大火となり、約8、300戸が焼失した。ほとんどすべての家屋が

倒壊した網野小学校

全壊または全焼した峰山町では、人口に対する死亡率が22パーセントにも達した。なかには、夕食中の家族全員が死亡した例もあったという。

そのほかの村々でも、市場村で12・2パーセント、吉原村で10・1パーセント、島津村で8・2パーセントの死亡率とされている。

小学校の校舎も、13校で全壊または全焼したが、地震の発生が放課後であったため、児童などが校内で死傷することがなかったのは、不幸中の幸いであった。

当時の『朝日新聞』号外の見出しには、「呪はれた丹後半島の光景、実に凄惨を極む」と記され、「峰山、網野の両町、全く焦土と化す」などと書かれていた。

また、『峰山町役場日誌』には、「全町殆ド倒壊、続イテ各所ニ火災起リ杉谷、吉原ノ一部ヲ除キ全焼シ、死者千百数十人、重軽傷者亦(マタ)数百人ニ達シ、其ノ惨状筆紙ニ尽シ難シ、地震ト同時ニ役場モ傾キ、公会堂ハ倒壊セリ」と記されている。

地盤の液状化によって生じた地割れや噴砂現象も、各所で見られた。

峰山町や網野町などは、丹後ちりめんの産地として知られていたが、この地震によって多くの工場が倒壊し、原料となる生糸が焼失したため、生産不能に陥り、経済的にも大きな打撃をこうむる結果となった。

北丹後地震による被害は広範囲に及び、震源から150キロ以上も離れた鳥取県の米子でも、2戸の倒壊家屋がでた。淡路島でも土塀が崩壊し、大阪市内でも、地割れから泥水を噴きだし、家屋に浸水被害がでたという。

大災害のあと、家を失った被災者は、厳寒のなか、屋外に投げだされることになった。地震翌日の惨状を、『峰山町大震災誌』は、次のように述べている。「天明に及んで、全町の火災はやや終息せんとするも、濛々たる黒煙は、町内一歩も入るるに由なく——（中略）——哭泣(こくきふ)の声各所に起こり、且つ肌は震ひ、食するに糧なく、午後四時頃には雨をも交へ、極度の疲労を感ずるに至りて、各所の森林中の集団は、雪中に卒倒するもの多数を生ずるに至る」

道路を左横ずれに食い違わせた郷村断層（多田文男氏撮影）

罹災者は、衣食住すべてを失い、ただ被災地を彷徨するのみであったと、この震災誌には書かれているのである。

2つの地震断層出現

北丹後地震では、2つの地震断層が地表に出現した。郷村断層と山田断層である。しかも、これら2つの断層は、互いに直交する〝共軛断層〟であった。

郷村断層は、北北西〜南南東に延びる長さ18キロの部分が動き、西側が最大80センチ隆起し、水平には、最大で2メートル70センチの左ずれを生じた。

写真は、地理学者の多田文男氏が、当時撮影した郷村断層で、水田の中を走っていた道路が、左横ずれに食い違っていることがわかる。

山田断層は、これとは直角に走る長さ約７キロの断層で、北側が最大約70センチ隆起し、右横ずれの変位が、最大80センチに達した。

このような断層活動が起きたために、ほぼ断層に沿って分布していた町村は、激しい揺れに見舞われ、大規模な災害となったのである。

なお、郷村断層のずれた跡は、現在３か所で保存されている。多田氏が撮影した道路のずれは、その後Ｓ字型につなぎ復旧されて、現在は、傍らの小学校の前に、記念の石柱が建てられており、北丹後地震の遺構として、国の天然記念物に指定されている。

日本の活断層分布図を見ると、中部地方から近畿地方にかけては、活断層が密集していることがわかる。

歴史的にも、地表に地震断層が出現するような地震は、圧倒的に中部以西に多い。明治以降だけでも、１８９１年濃尾地震（Ｍ８・０）、１９２５年北但馬地震（Ｍ６・８）、１９２７年北丹後地震（Ｍ７・３）、１９４３年鳥取地震（Ｍ７・２）、１９４５年三河地震（Ｍ６・８）、１９４８年福井地震（Ｍ７・１）、さらに１９９５年兵庫県南部地震（Ｍ７・３）などが挙げられる。

地震断層を生ずるような内陸直下の地震は、震源が浅いため、地表は激甚な揺れに見舞われ、大災害となる。上に挙げた地震のほとんどが、1、000人規模の犠牲者をだしているのである。

北丹後地震は、関東大地震から2年後の1925年、東京帝国大学に地震研究所が設置されてから初めての大地震であった。

そのため、余震分布や地殻変動、断層の調査など、さまざまな調査研究が実施された。調査の結果、たとえば、本震が発生する約2時間半前に、三津、砂方などの沿岸部が、1・2メートルほど隆起していたことも明らかになった。大地震発生の前兆現象だったと見ることができよう。

その意味でも、北丹後地震は、まさに日本における近代的な地震観測研究の扉を開いた地震であったと位置づけることができるのである。

2　北伊豆地震と丹那断層

大恐慌さなかの大地震

1930年（昭和5年）11月26日の未明、4時2分ごろ、北伊豆地方を激震が襲った。「北伊豆地震」と名づけられたこの地震は、丹那断層の活動による内陸直下地震で、規模はM7・3、震源の深さは約2キロと、きわめて浅い地震であった。

被害は、震度6を記録した伊豆半島北部から箱根にかけて大きく、全壊家屋２、１６５戸、死者２７２人をだしている。

当時の日本経済は、昭和大恐慌のさなかであった。前年の10月24日、ニューヨーク・ウォール街での株価大暴落に端を発した世界恐慌は、たちまち日本をもその渦中に巻きこみ、中小企業の倒産が相次いでいた。また各地で労働争議が頻発し、失業者も増加の一途を辿っていた。そうした社会不安のただなかで、北伊豆地震が発生したのである。

この地震は、顕著な前震活動を伴った地震として知られている。この年の2月から5月にかけて、伊豆半島東部の伊東市沖で群発地震が続いた。2月半ばごろに始まった地震活動は、３月に入ると活発化し、３月20日には、伊東で震度5の揺れとなる地震が発生した。

4月に入ると、地震の数はいったん減少したが、5月の初めからは再び活発になり、５月９日には、１日に１００回以上の揺れを感じるほどであった。しかしそれ以後は、地震活動も次第に衰え、６月末にはほぼ終息していた。

ところが11月に入ると、７日に三島で無感の地震が2回起き、11日からその数が増えはじめて、13日には有感地震もまじるようになり、20日ごろからは、連日２００回をこえるようになっ

倒壊した民家

た。

11月25日の夕方には、M5・0の地震が発生、強い揺れに驚いた人びとが、戸外に飛びだすほどであった。M7・3の本震が発生したのは、その翌朝である。

壊滅した村々

当時の静岡県函南(かんなみ)村が編纂した『函南村震災誌』の記事を要約すると、地震発生時の村々の模様について、次のように記されている。

「上下左右に激しい地震動が20秒あまり続き、家々は算を乱して倒壊し、道路や橋梁も破壊され、火災が数か所で発生した。暗黒のなかで阿鼻叫喚のありさまとなり、交通も通信も途絶してしまった。夜が明けたものの、朝食を摂るす

倒壊した箱根離宮日本館

べもなく、喉の渇きを癒す水もなく、余震が頻々と続いている」

家屋の倒壊と人的被害が最大だったのは韮山村で、1、276世帯のうち、家屋の全壊が463戸、半壊420戸、死者76人を数えた。全半壊した家屋は、全体の7割近くにも達したのである。

大災害となった地域は、活動した断層に沿う田代や丹那などの山間盆地と、韮山など旧狩野川沿いの地盤が軟弱な沖積地とに大別される。箱根でも、多数の家屋が倒壊し、箱根離宮の日本館も潰れて大屋根だけが地面を覆った。

一方では、大規模な山崩れも多発した。なかでも、中狩野村佐野梶山の山腹で起きた崩壊は、長さ1・5キロにも及んで、農家3戸を埋没、家族15人と馬3頭が犠牲になった。

崩壊した土砂は、狩野川の本流を堰き止め、一時は上流側に天然ダムを形成したが、やがて自然の流水が水路を開いたため、決壊による災害は発生しなかった。しかし、狩野川の下流では、数日間にわたって、赤茶色に濁った泥水が流れつづけたという。

北狩野村の大野旭山でも、面積3ヘクタールに及ぶ崩壊があり、住宅4戸が埋没、8人の死者がでた。

また、道路や橋梁なども各所で被災し、交通網が大きな打撃を受けた。山崩れや崖崩れによる道路の寸断、路面の亀裂や陥没、橋げたの落下や破損などがいたる所で発生した。倒壊した家屋によって道路が塞がれた箇所も少なくない。

三島と修善寺を結び、伊豆半島の重要な交通機関だった駿豆線（現・伊豆箱根鉄道）の被害も大きかった。線路の湾曲や築堤の沈下などが発生し、鉄橋も破損、伊豆長岡駅の駅舎も倒壊した。

道路や鉄道、橋梁などのこのような被害は、被災地への救助・救援活動に多大な支障を来たす結果となり、復旧・復興の遅れを招いたのである。

丹那断層が動いた

北伊豆地震を起こしたのは、伊豆半島の北部を南北に走る丹那断層系の活動であった。丹那断層と、それに関連する複数の活断層（箱根町断層、浮橋断層、小野断層など）が動いて、地表には地震断層を出現させた。

断層が活動した総延長は約35キロで、南北に伸長する丹那断層を挟んで、相対的に東側が北へ、西側が南へ動く左横ずれの断層運動であり、水平変位は、丹那盆地で最大約３・５メートルに達した。

地震断層の痕跡は、今も2か所で保存されている。田代盆地の火雷(からい)神社では、石段と鳥居とのあいだを断層が走ったため、石段の正面にあるべき鳥居が横にずれている。また、丹那盆地の畑地区では、ごみ捨て場だった所の石垣や水路、環状列石が、２・６メートルほどずれている状況が保存されており、国の天然記念物に指定されている。

北伊豆地震が発生した１９３０年ごろは、ちょうど東海道線の丹那トンネルを掘削している最中であった。当時の東海道線は、国府津～沼津間については、現在の御殿場線の線路を通っていたため、遠まわりで時間がかかることから、丹那トンネルを開削して、時間の短縮をはかろうとしていたのである。

火雷神社に残る左横ずれ断層の跡（左の石段は近年新たにつけられたもの）

南北に延びる丹那断層は、掘削中の丹那トンネルの中央部で、トンネルと直交するかたちになっていた。したがって、トンネルの掘削工事は、断層の破砕帯を横切ることになり、しばしば岩盤の崩落や大量の出水に遭うなど、犠牲者もでて難航をきわめていた。

そのさなかに丹那断層が活動して、北伊豆地震が発生したのである。断層が掘削中のトンネルを横切ったため、2・7メートルの左横ずれを生じてしまった。もしそのままトンネルの両側から掘削を続ければ、中央で横に食い違ってしまうことになる。そこで仕方なく、トンネル内のずれた部分で、線路をS字状につなぎ、東海道線を開通させたというエピソードがある。

丹那トンネル内の食い違いを示した新聞写真

新丹那トンネル開通秘話

時代はくだって、戦後の１９５０年代後半、東海道新幹線の建設が計画されたとき、新幹線用の新しい丹那トンネルは、１９３０年の北伊豆地震を起こした丹那断層を横切ることになるから、高速鉄道を通しても大丈夫なのだろうか、という疑問が、当時の国鉄の内部から持ちあがった。

このとき、国鉄からの相談にあずかったのは、私の恩師でもあった火山学者の久野久東大教授であった。

久野教授は、次に丹那断層が活動するのは、おそらく数百年先であろうと答えたので、計画は実行に移されたといわれる。その根拠を要約すれば、次のようになる。

南北に走る丹那断層を挟んで、東西両側の地形は

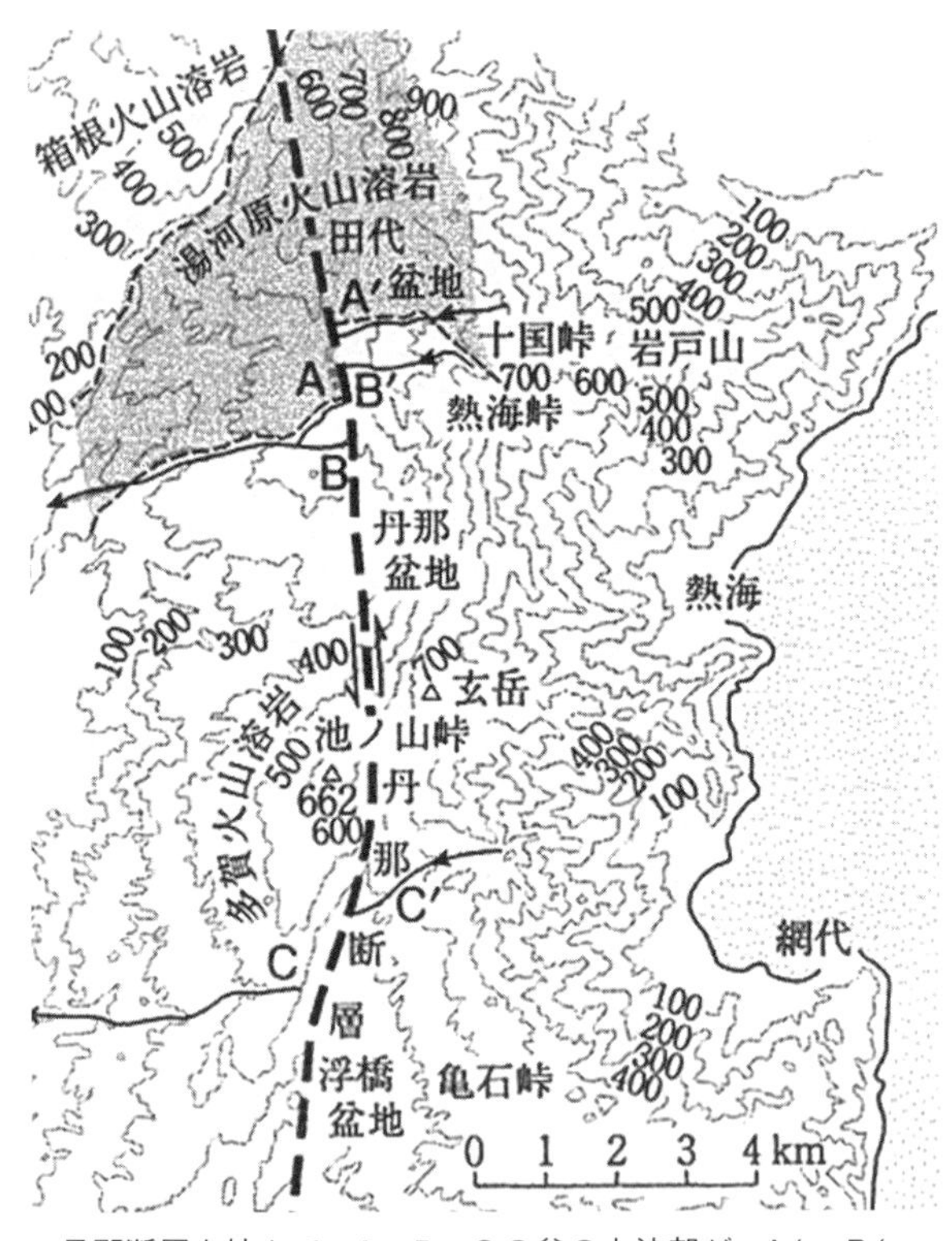

丹那断層を挟んで、A、B、Cの谷の上流部が、A′、B′、C′にずれている（久野久氏による）

約1、000メートル左横ずれに食い違っている。この1、000メートルのずれは、過去からの断層活動の累積によって生じたものである。

一方、地質調査によって、湯河原火山から噴出された約50万年前の溶岩流が、丹那断層を挟んで、やはり1、000メートル横に食い違っていることがわかっている。それは、丹那断層が少なくとも50万年前から活動していたことを意味している。

もし1回の活動によって、平均2メートル変位するとすれば、１，０００メートルのずれを生ずるためには、５００回の活動、つまり地震を起こせばよい。

50万年間に５００回活動してきたとすれば、平均1，０００年に1回地震を起こしてきたことになる。しかし最近は、１９３０年に動いたばかりなのだから、当分は安泰であろうと結論づけられた。こうして、新幹線の新丹那トンネルは、無事開通する運びとなったのである。

丹那断層については、近年トレンチ法による発掘調査が実施された。活断層の走っている部分の地表を掘り下げて、地層の中から過去の断層活動の痕跡を探しだし、放射性炭素などによる年代決定を行い、活断層の活動度を推測しようというものである。

１９８３年に行われた発掘調査から、１９３０年北伊豆地震の一つ前の地震を示す地層の乱れは、８３８年に神津島天上山の大噴火によって飛来した火山灰のすぐ上位にあることがわかった。

一方、『続日本後記』の承和8年（８４１年）の項には、『伊豆国地震為変、里落不完、人物損傷、或被圧没』と記されていて、伊豆の国の大地震によって村々が壊滅し、死傷者のでたことが読みとれる。

　この記事を発掘調査の結果と照合してみれば、古文書に記された８４１年の地震こそ、丹那断層が動いて起こした一つ前の地震であり、それから１、１００年近くを経て、１９３０年の北伊豆地震が発生したことになる。こうして、かつての久野教授の推論が、発掘調査によって実証されたのである。

第6章　大規模な山地災害を招いた地震

1　善光寺地震

激震が善光寺を襲った

長野市にある善光寺は、7世紀の後半に創建されたと伝えられる名刹で、四季を通じて、全国からの参詣客が絶えない。創建以来、たびたび焼失と再建を繰り返してきたが、現在の本堂は、1707年（宝永4年）に再建されたもので、国宝に指定されている。

その本堂に、かつての大地震による傷跡が残されている。本堂をめぐる回廊の南西の角、つまり正面の階段を上がって、回廊を左へ進んだ角の柱をよく見ると、半月形に抉られたような傷のついていることがわかる。この傷は、柱の前に吊り下げられている釣り鐘が、地震の揺れで落下したときにつけられたものといわれる（次頁の写真）。

大地震のあと、権堂の庄屋だった永井幸一が書き残した『地震後世俗語之種』には、落下し

釣り鐘が落下してつけられた柱の傷

た釣り鐘の絵が描かれており、「善光寺御堂左右にありける大鐘を、震い落としたる事を、猶警怖すべし。かかる重きもののさかさまに落ちる事は有るべからず」と記されていて、地震の揺れがいかに大きかったかを物語っている。

その大地震とは、今から170年ほど前、現在の長野市を中心に大災害をもたらした「善光寺地震」である。

1847年5月8日（弘化4年3月24日）の夜、善光寺領一帯を突然の激震が襲った。折しもこの年は、善光寺如来のご開帳の年にあたって

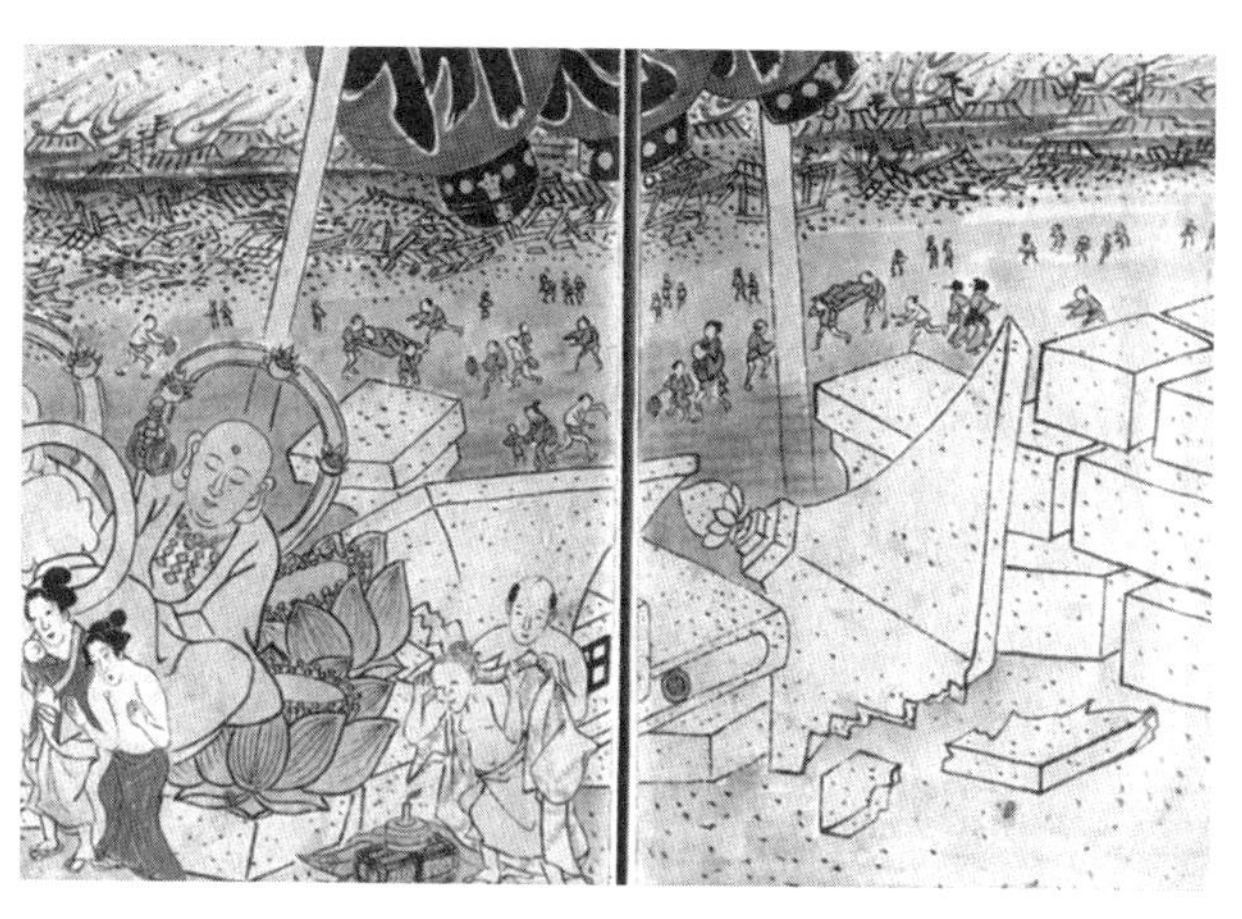

善光寺境内の混乱（『地震後世俗語之種』より）

いて、諸国から多数の善男善女が集まり、善光寺の門前は、たいへんな賑わいようであった。新暦で5月上旬といえば、新緑の爽やかな季節を迎えていたはずである。参詣の客は引きもきらず、一晩に1、000人以上の客を泊めた旅籠（はたご）もあったという。

大地震は、午後10時ごろ、すさまじい山鳴りとともに襲来した。夜とはいっても、善光寺の境内には、参詣の人びとが溢れ、本堂の中はもちろんか、参道も人波で埋まっていた。読経の声が流れるなか、数千の灯明が堂内を照らし、境内には数百の夜灯が輝いて、あたかも白昼のようであったという。その賑わいを、激震が直撃したのである。

「白昼を欺（あざむ）く数万の燈火手の裏を返すが如く暗夜に変り、親に離れ子を失へども是を求むる事はさておき、行かんとするを刎（はね）のけ、居らんとするをうちつけ、歩行を運ばずして、或は五間又は三間前後左右に押遣られ引返され、幾千万の群集いづれへか散乱し、其形ち壱人として爰（ここ）にあらず、天地くつがへり世滅するの時こそ至れるならめ」（『地震後世俗語之種』）

寺の境内を煌々と照らしていた灯火はすべて消え、あたりはたちまち暗黒となった。石像が倒れ、灯籠が転倒した。群衆は大混乱に陥り、右へ左へと逃げまどうばかりであった。

町では多くの家屋が倒壊し、各所で火の手が上がった。善光寺の門前に密集していた旅籠も、たちまち猛火に包まれてしまったのである。

「火事よ火事よと呼騒立事夥（おびただ）しといへども、ただ狼狽（うろたへ）騒ぐのみにて駆付行んとするものもなく、途方に暮るばかりなり、そのほどもなく西之門町新道辺より火の手盛んに燃立、暫時に御本坊こそ危く見へにけり」（『地震後世俗語之種』）

善光寺は、本堂や山門、経蔵、鐘楼などを残して、あとはほとんどが焼失した。この夜、旅籠には7、000〜8、000人が宿泊していたのだが、生き残った者は、1割ほどに過ぎなかったという。土地勘のない旅人が多かったことも、人的被害を大きくした一因といえよう。

地震で壊滅的な打撃をこうむったのは、善光寺領だけではなかった。被害は、高井、水内（みのち）、更級などの諸郡にも及び、家屋の倒壊や火災によって多くの死傷者がでた。上田藩の稲荷山宿

火に包まれた門前町（『地震後世俗語之種』より）

では、宿場の200戸あまりが全焼し、360人が犠牲になった。

善光寺地震による死者の総数は、1万人をこえるとも推定されている。

北向観音堂の絵馬

長野県上田市の郊外にあたる別所温泉に、一つの観音堂がある。ここからは、善光寺がほぼ真北の方角にあたるため、「北向（きたむき）観音堂」と呼ばれている。そのお堂の中に、奉納された絵馬がいくつも掲げられているが、そのうちの一つに善光寺地震を描いたものがある。

この絵馬は、観音様のご利益（りやく）によって、地震の災厄から逃れることのできた1人の男が、お礼として奉納したものと伝えられる。

市之助が北向観音堂に奉納した絵馬

市之助というその男は、15人の仲間とともに、尾張国知多郡から善光寺参りの旅に出たのだが、信州に足を踏み入れたある夜、観世音菩薩が夢枕に立ったのだという。信心深い彼は、途中で仲間と別れ、ただ1人この北向観音堂に参詣し、お守り札をふところにして善光寺へと向かった。

市之助よりもひと足早く善光寺に直行した15人は、藤屋という旅籠に宿泊したのだが、その夜の大地震に遭い全員が死亡した。しかし市之助だけは、仲間より1日遅れたために、難を逃れることができたのである。

観世音菩薩のおかげで命拾いをしたと感じた市之助は、帰郷すると、さっそくお礼の絵馬を作り、再び北向観音堂に参詣して、それを奉納したのだという。縦70センチ、横150センチほどの大きな絵馬で、右半分には善光寺周辺の震災の模様が描かれ、左半分には、観世音菩薩の後光に導かれて旅をする市之助自身の姿が描かれている。

民家の石垣として残る地震断層（長野市小松原）

活断層が動いた！

善光寺地震は、長野盆地の西縁を走る活断層が、約50キロにわたり活動することによって引き起こされた典型的な内陸直下地震であり、断層を挟んで西側つまり山地の側が、東側の盆地に対して、２メートルほどのし上がった逆断層型の活動であった。

家屋の倒壊率をみると、西側の山地つまり断層の上盤側で著しく高かったことがわかる。内陸の活断層の活動による地震では、一般に逆断層の上盤側の揺れがひときわ激しく、大きな被害のでることが多い。

善光寺地震の規模は、Ｍ7・4前後と推定されており、震度６以上になったと思われる地域は、長野市を中心にして、南北約80キロ、東西約30キロにも及んでいる。

この地震のさいに生じた地表の食い違い、つまり地震断層が、姿を変えながらも地形に残されている場所がある。長野市の中心から南西へ約7キロ、同市小松原にある一軒の民家で、道路に面した石垣そのものが、2メートルほどの落差をもつ断層崖となっているのである。

また長野市西長野でも、地震断層の落差に伴う変位が、約1キロにわたって追跡でき、とくに信州大学教育学部の正門から長野県庁にかけて、西上がり東落ちの地形の変位が、明瞭に認められる。

多発した土砂災害

激しい揺れをもたらした善光寺地震による被害は、家屋の倒壊や火災だけにとどまらなかった。

各所で地割れを生じ、そこから大量の水を噴きだし、その地割れに落ちこんで、危うく命を失いかけた者もあった。

その様子を、『鎌原洞山地震記事』には、「地震の夜、小松原の民四人、一同に逃出し候処、地拆(さけ)、其中へ陥り、上ること能はず、当惑せし内に、下より水吹出、其水と共に吹出され、出ることを得て、命助かりしと也」

また、「地の裂る処、大小長短深浅定らず、広き処は飛越る事能はず、深きは底を知らず、裂たる所水を出すもあり、又裂たる儘（まま）なるもあり、又地陥りて数十丈の外へ其土を吹出し、小山のごとくなるあり」と記されていて、明らかに液状化現象が発生したことを物語っている。

さらに、この地震による災害を拡大し、後世にその名をとどめる原因になったのは、山地の各所で発生した無数の地すべりや山崩れであった。

松代領だけでも、4万か所をこえる地すべりや斜面崩壊が発生した。したがって、善光寺地震は、壊滅的な都市災害とともに、大規模な山地災害をもたらした地震として位置づけることができる。

善光寺地震による山崩れは、おもに善光寺平の西方にあたる山地に集中し、とくに犀川やその支流の土尻川、裾花川に沿う斜面で多く発生した。

山間部では谷幅が狭く、谷の両岸は急峻な斜面になっている。このあたりの地質は、新第三紀の凝灰岩や砂岩、泥岩などからなり、風化の進んだ場所では、崩れやすく脆い地盤を形成している。

そのうえ、多数の活断層が、ほぼ北東～南西の向きに走っており、昔からの断層活動による破砕帯が、地盤をいっそう脆弱なものにしていた。

そのような山地が、激震に見舞われたのである。

山村では、一瞬のうちに崩れた土砂の下敷きになった民家も少なくない。崩壊した土砂が川に入り、たちまち土石流を発生させて集落を襲い、多くの人命が失われた地区もあった。また、崩れた土砂が谷を埋め、川の流れを堰き止めたために、各地で川水が溢れて、浸水被害をもたらした。

地震のあと、被災地を見聞した信州代官・高木清左衛門による江戸幕府に宛てた御届書があるので、現代文に改め紹介しよう。

「村々の災害の状況を見てきましたが、まことに言語に絶する異変で、ただ見るに忍びない有様でした。地面が、幅七、八寸、長さ数十間にわたって裂け、その割れ目から黒赤色の泥水が大量に噴きだしているために、歩行できない所も多く、そのうえ各所で山が崩れて、土砂や雪水を押しだし、大石も転落しており、田畑はことごとく変わり果て、かなりの損害になったように見受けられます。

村々の用水路は、ところどころ破壊され、なかには段差がついてしまったものもあります。そのため水が流れず、用水の絶えてしまった村も少なくありません。谷川では、押しだされた大石や土砂が川の流れをふさぎ、泥水があたり一面に溢れでています。

倒壊した家屋では、柱も梁も、建具類も家財道具も、みな打ち砕かれており、家々で貯蔵しておいた雑穀類も、俵ごと散乱し、しかも噴きだした泥水をかぶって、土砂に埋まってしまったものもあります。村人たちは、めいめい潰れた家の前で、雨露をしのぐ手だてもなく、ただ途方にくれており、私を見ても、ただうろたえ泣き叫ぶだけで、何を訊ねても答えられないほどのありさまでした。

怪我人も数多く倒れ伏しており、苦痛の様子は、とても言葉では表せないほどです。どの村も同様の状況で、食料なども、潰れた家の下敷きになったうえに泥水をかぶり、容易に取りだすことなどできそうもありません。飲み水にしていた用水にも泥がまじってしまったので、住民は飢渇の状態です。もちろん、村どうしが助けあうことなど、出来るはずもなく、百か村あまりがこのような状態なので、私の力ではどうすることもできないのです」

高木清左衛門は、この御届書で、幕府の御勘定所に宛てて、2、500両の借金を願いでている。

こうして農民たちは、一夜にして家も田畑も失い、蓄えていた食料はおろか、日々の飲み水さえも奪われてしまった。そのうえ、強い余震が日に何十回も大地を震わせ、人びとの心をいっそう暗いものにしたのである。

このように、地震直後の山間地は、救援の手も差しのべられないまま、孤立化を深めていった。

臥雲の三本杉

犀川の左岸にあたる山の斜面に、臥雲（がうん）という小さな集落がある。山腹のわずかな平地を利用してつくられた集落で、見晴らしのよい山村である。

ここには、臥雲院という大きな寺があって、その傍らに3本の杉の木があるのだが、そのうちの1本は、20度ほど傾いて立ち枯れしており、根元からは新しい杉が育っている。この杉の木が傾いたのは、まさに善光寺地震のさいの地すべりによるものであった。

松代藩代官手代だった鈴木藤太は、地震の起きた日の夜、臥雲院の庫裡（くり）の上の間で読書をしていた。そこへ突然の激震が襲い、驚いて庭へ出たところ、庫裡は潰れ、斜面の下方へ数百メートルも移動したという。その後、数か所から出火して、臥雲院は全焼した。寺は焼けながら斜面を滑り、麓へと移動していった。山の崩れる音がすさまじく、幾千万の雷が落ちたかのように鳴動して、恐ろしかったという。

このとき、山門のわきに立っていた杉の木も、地すべりの土塊に乗って押し流され、傾いた

臥雲の三本杉

まま停止したのである。それから約１７０年、枯れてもなお杉の木は、大地震の夜の記憶をとどめている。

善光寺地震によって、山地の各所で発生した地すべりや斜面崩壊については、松代藩のお抱え絵師であった青木雪卿（せっけい）の描いた多くのスケッチが残されている。

青木雪卿は、当時の松代藩主・真田幸貫に従って、地震から３年後の１８５０年（嘉永３年）、激甚な山地災害に見舞われた地域をまわり、大規模な地すべりや山崩れの状況を詳細にスケッチしている。それらの絵図には、描いた場所が明記されており、しかも構図が写実的であることから、現在でもそこを訪ね、景観がいかに変化してきたかを知ることができる。

善光寺地震による山地災害については、この青木雪卿の描いた絵図をはじめ、松代藩の月番家老・河原綱徳(かわはらつなのり)が整理した稿本の『むしくら日記』など、多くの記録や絵図が残されている。

天然ダムの生成

地震とともに各所で発生した山崩れや地すべりは、ところどころで川を堰き止め、天然ダムを形成した。なかには、震源から40~50キロも離れた地点に生じたものもある。その多くが、のちに決壊して消滅しているが、一つだけ現在もそのまま残されている天然ダムがある。犀川の支流、柳久保川の上流に、柳久保池という池があるが、これが唯一現存する天然ダムである。当時ここには、柳久保の集落があったが、地震によって、その集落を乗せたまま大規模な地すべりが発生し、大量の土砂が柳久保川を堰き止めてしまった。地すべりの地内にあった民家のうち、17戸が倒壊し、13戸が焼失したという。

柳久保川の河道が閉塞されたために、その上流側には水が溜まりはじめ、天然ダムを生じた。湛水するまでには、約3年を要したといわれる。この天然ダムつまり柳久保池は、流入する水量と、地すべりの土塊を通って排出される伏流水とのバランスがとれていたため、満水になることもなく、決壊するにはいたらなかった。現在も静かに水をたたえ、観光の対象ともなって

虚空蔵山の崩壊と犀川の閉塞（『地震後世俗語之種』より）

いる。

虚空蔵山の崩壊と犀川の閉塞

　松代領内で発生した無数の山崩れのうち、最も規模の大きかったのは、犀川の右岸にあたる虚空蔵山（現・岩倉山、標高764メートル）の大崩壊であった。

　地震の衝撃によって、虚空蔵山は南西と北西の斜面2か所で大崩壊を起こし、犀川の流れを堰き止めてしまった。堰き止め土砂量は2千万立方メートル以上、高さは約65メートルに達したと推定されている。この崩壊によって、2つの集落、38世帯が土砂の下に埋まってしまった。

　当然のことながら、堰き止め部の上流側には水が溜まっていく。折から雪どけの季節であった。北アルプスの山々の雪を融かした水は、安曇野に集まり、犀川へと入っていく。そのため、堰き止め部から上流の水位は、急速に上昇しはじめた。その後も日ごとに水位は上がり、川沿いの村々は、次々と水底に沈んでいった。

「湖水の如く湛へし水を見おろせば、住馴し家は木の葉の浮める如く見えて、田畑作物迄水底になりて、再びもとの村立にかへるべきこととおもはれず――」(『鋳物師屋村・宮坂藤兵衛記』)

犀川は細長い湖（天然ダム）に変わり、谷筋に沿う長さは約23キロにも達した。約30か村が水没したという。

松代藩の危機管理

犀川が堰き止められたために、そこから下流へは水が流れなくなってしまった。善光寺平では、川の水がほとんど干上がり、水たまりでは鯉や鱒がつかみ取りできたという。丹波島の渡しでは、草鞋ばきで渡渉することも可能になった。この異変に、川中島をはじめとする周辺の村々は大騒ぎになった。もし、犀川の堰き止め部が決壊すれば、濁流が善光寺平をひと呑みにすることは疑いない。

この事態に直面して松代藩は、いち早く住民に警告を発し、「ただちに山手の方へ避難するように」とのお触れをだした。また、山手の住民に対しては、「どのような人が避難してくるかもしれないが、見ず知らずの人であっても、粗末に扱うことなく、泊まらせるように」と厳重に申しつけたのである。

避難者のなかには、山中に小屋がけして仮住まいとする者も増え、山々は、川中島や篠ノ井から避難してきた人びとで、空き地もないほどに埋まってしまったという。

また松代藩は、犀川の平野への出口に避難民を集め、堤防を築く工事を始めた。この工事には、1日で約1,000人が集められたといわれ、その手当てとして、1人1日あたり米2合5勺が支給されたという。

しかし、犀川の堰き止め部については、手のつけようがなかった。松代藩士であるとともに兵学者でもあった佐久間象山は、堰き止め部に火薬をしかけて、人為的に爆破決壊させることを提言したともいわれる。天然ダムを決壊させないかぎり、善光寺平を救えないと判断したのであろう。ただこの案は、多大な経費がかかると予想されたため、受け入れられなかったという。

一方で松代藩は、犀川の堰き止め部を見下ろせる山の上に見張りを立て、もし決壊すれば、ただちに狼煙（のろし）を上げて急を知らせるよう、体制を整えたのである。二次災害に備えた見事な危機管理を実施したといえよう。

決壊と大洪水

決壊に備える体制は整えられたものの、地震から10日が過ぎ、半月経っても、犀川の堰き止め部が決壊する様子はなかった。避難民のなかには、しびれを切らして村へ戻り、農作業を再開する者もでてきた。

現地では、5月22日と23日に大雨が降り、天然ダムはほぼ満水状態になった。地震から16日後の5月24日には、堰き止め部から少しずつ水が漏れだし、次第にその量も増していった。そして、地震から19日を経た5月27日の夕刻、ついに堰き止め部は大音響とともに決壊したのである。

大量の土石をまじえた激流は、すさまじい勢いで善光寺平へと迸(ほとばし)りでた。このとき、犀川の善光寺平への出口にあたる小市では、水位が一時的に20メートルにも達したという。

「即時に川中島一面の水となり、人家田畑押流すこと恐ろしき許(ばかり)也。其前日七ッ時迄に、真田家より壱人も不残(のこらず)立退べきよし御触有、其上相図(あひづ)の狼煙ありて遠近につぐれば、溺死の者少なしといへども、欲に迷ひ居宅に居る者ども、水溢れ来らば、木に登り、筏(いかだ)に乗又は立木に高く棚をかけ置、其所へのぼり遁(のがれ)んとかまへし者ども、殊の外大水激流にて、樹木を押倒し、筏を流し、大石大木流来て、木立を砕ば、釣あげし櫃長持ふり落し、かけ置し棚砕て、のぼりし人々

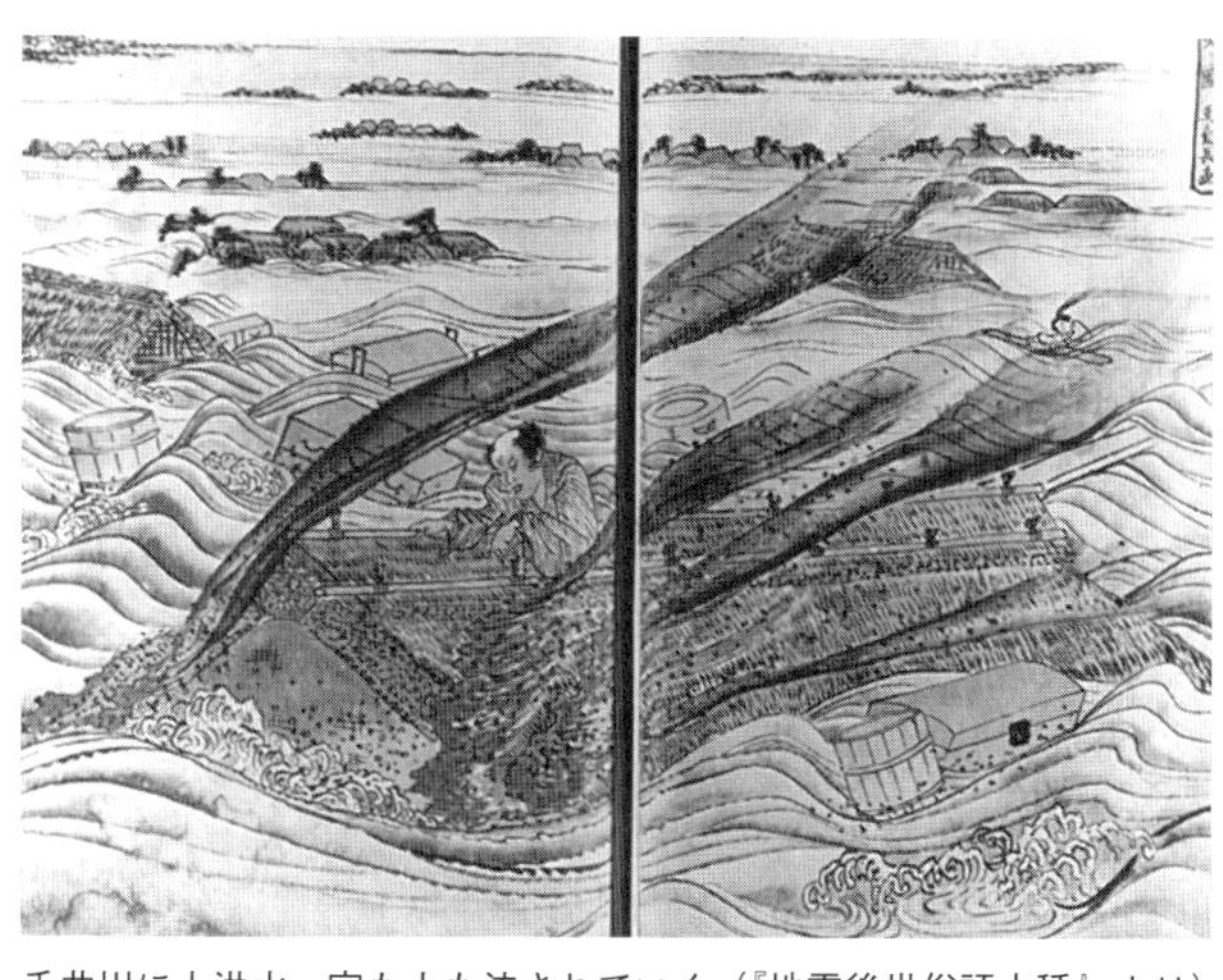

千曲川に大洪水、家も人も流されていく（『地震後世俗語之種』より）

溺れ死し、或は屋根に登りて流行く者ども、川東なる大室牛島へ吹付られ、水あせし折から命を助る人も有、又遁れ出て舟に乗らんとしての る事能はず、押流され、変死せしもの少なからず――」（『鋳物師屋村・宮坂藤兵衛記』）

激流は、善光寺平を4時間以上も荒れ狂った。川中島を呑みこみ、千曲川と合流してからも、川沿いの村々をなめつくし、飯山のあたりまで水害を押しひろげていった。

この大洪水によって流失した家屋は約810戸、土砂が流入した家屋は2、100戸あまりに達したという。住民の大多数が避難していたとはいえ、100人あまりが洪水の犠牲になった。避難の指示に従わなかった者や、いったんは避難したものの、避難生活の長期化に耐えきれず、村へ戻っていた者などであった。

洪水の去ったあとには、一面に泥をかぶった田畑が残された。避難していた人びとが村へ帰ってみると、家は土台だけ残して跡形もなくなっており、またかろうじて流失を免れた家も、壁は抜け、流木が家の中にまで押し入り、敷居も鴨居をはずれて、ただ立っているだけという有様であった。村全体が大小の礫におおわれ、河原のようになってしまった所もある。

一方、上流側では天然ダムが決壊したために、水位が急速に下がりはじめた。

「山中湛水のとき、舟を流すまじとして、木に繋ぎ止置しが、水引たる後見れば、高き山の木の梢にかかりあり、是を木よりおろし、林の中をやうやく引下して、川辺へ出せしとぞ――」(『鎌原洞山地震記事』)

決壊によって天然ダムの水が流れ去ったあとには、高い斜面の木の梢に、舟がぶら下がっていたのである。

このようにして善光寺地震は、地震動そのものによる災害や火災もさることながら、地震に誘発された大規模な土砂崩れと河川の閉塞、天然ダムの決壊による大洪水の発生、という一連の過程をたどった災害として、とくに注目されているのである。

2　飛越地震と立山鳶崩れ

跡津川断層の活動

幕末にあたる1850年代、とりわけ安政年間は、日本列島大揺れの時代であった。1854年（安政元年）12月には、2つの南海トラフ巨大地震＝安政東海地震（M8・4）と安政南海地震（M8・4）とが、わずか32時間の間隔をおいて発生し、震害とともに、大津波による災害をもたらした。

翌1855年11月11日（安政2年10月2日）には、現在の東京湾北部を震源とする直下地震＝安政江戸地震（M7・0〜7・1）が発生し、江戸の下町を中心に大規模な都市災害をもたらし、1万人ほどの死者をだした。

それから2年半を経た1858年4月9日（安政5年2月26日）未明、北アルプス立山連峰の西、現在の富山県と岐阜県の県境付近で大地震が発生した。典型的な内陸直下地震であり、飛騨と越中での被害が大きかったために、「飛越地震」と名づけられている。

この地震は、第一級の活断層である跡津川（あとつがわ）断層の活動によるものであり、その規模は、従来

M7・0〜7・1（理科年表など）とされていたが、近年、被害分布などをもとに再検討が進められた結果、M7・3〜7・6と推定されている。またこの地震は、古文書の記録などから、2つの地震が相次いで発生した、いわばマルティプルショックであったことも明らかになっている。

飛越地震については、地震時の状況や災害の様相、地震後の情報収集や復旧活動などについて記された古文書や絵図が、数多く保存されている。また、立山の鳶（とんび）崩れなど、大地に刻まれた災害の傷あとが各所に残されていて、自然と人文の両面から、その地震像や災害像を復元することができる。

強烈な揺れに見舞われた城下町の富山では、多数の家屋が倒壊し、その下敷きになって約70人の死者がでた。富山城の石垣や門、塀なども破損し、松や杉の大木も根こそぎ倒れ伏したという。富山市内をはじめ、高岡や伏木などでも、各所で地面が裂け、そこから泥水を噴きだした。地盤の液状化現象を生じたのである。

震源から遠く離れた金沢や大聖寺でも、多くの家屋が全半壊した。とくに大聖寺では、地盤の悪いためもあってか、148戸が全壊した。

とりわけ大災害となったのは、飛騨地方であった。跡津川断層に近い高原、小鳥、小鷹利（こたかり）など、神通川の上流部にあたる宮川や高原川流域の村々や、白川郷などでの被害が甚大で、家屋の倒壊率が１００パーセント近くに達した集落もあった。飛騨だけで、全壊家屋３２３戸、死者２０９人を数えたという。

『地水見聞録』の記録

富山藩士であった昇平堂寿楽齋(じゅらくさい)の書き残した『地水見聞録』には、大地震が発生したときの自宅の模様が、次のように記されている。

「程ありていづこともなく鳴動する音すさまじく、其音バサバサと鳴り出せしゆゑ、こは地震ならんと直に起上り、右手なる縁障子を明けんとすれども、明けがたく、されどちからにまかせむりに押あけ、雨戸も同じく無体に押明け、土縁まで飛出、爰(ここ)にて内なる妻子を呼立て、地震なるぞ出よ出よと数多(あまた)大声にて呼立れども、誰ひとり答ふる者なく、いかゞせしにやと猶(なほ)呼立るうち、追々ひとりづつ出きたりしゆゑ、手もち腰もちして南の庭へ押出す、折柄猶震動不止(やまず)、戸障子其外唐紙・雨戸の鳴り響く音の冷(すさま)じき事、譬(たと)へんに物なし」

『地水見聞録』には、このあと家人の安否を確認し、火災への備えを指図(さしず)したことなどが記されている。さらにそのあと、「さて八つの鐘きこえぬ、是より少しは落着き、雪徐の板戸など取出し、其うへに畳四、五畳敷並べ――」とある。つまり、地震のあとしばらくして八ツの鐘を聞いたというのだから、地震の発生は午前2時より少し前だったものと推定される。

大揺れのあと、余震がたえまなく襲ってくるので、住民はみな、家の庭や道路に家財道具を持ちだし、戸障子などで囲いをして夜露を凌いだという。幸い火災は発生しなかったが、これは地震の発生が深夜で、火を使っている家庭がほとんどなかったためであろう。

寿楽齋はまた、余震を感じるたびに、白と黒の丸印しをつけた「地震昼夜大小玉附」、つまり昼夜別の余震記録を残している。○は昼、●は夜の発生を意味し、しかも揺れの強弱を、丸印しの大きさで表現している。この方法は、1855年の江戸地震のあと、『安政見聞録』に記された余震の記述に倣(なら)ったものと思われる。

大鳶・小鳶の大崩壊

飛越地震は、山岳地帯を走る跡津川断層の活動による地震だったため、山崩れや崖崩れが多発し、崩壊した土砂が川を堰き止めて天然ダムを生じたり、主要な道路が寸断されるなど、厳しい山地災害の様相を呈した。

「また細入飛騨道の山々谷々は、いとつよく荒らしたるよし、勿論山崩れ神通川になだれ落、

立山カルデラ全景

舟橋辺廿六日暁ころ、俄に流水少くなり、有沢辺などはゴオリを手取りに拾ひしよし、同夜四つ時過、舟橋へ水七・八尺斗り一時に来るよし、夫迄に事済しは幸ひといふべし」（『地水見聞録』）

つまり、細入村から飛騨へ越える道はひどく荒れ、山崩れが神通川を堰き止めたために、下流では流水が減少し、ゴリという魚を手づかみできるようになった。しかし、その日の夜10時すぎ、突然7～8尺ほどの水が、どっと押し寄せてきた。それまでに魚取りをすませてしまっていたことは幸いだった、というのである。いったん生じた天然ダムが、すぐに決壊したものであろう。

飛騨の村々でも、各所で山崩れによって多

大鳶山の崩壊跡

くの家屋が埋まり、死者がでた。宮川や高原川、小鳥川などでは、川が堰き止められて幾つもの天然ダムを生じ、のちに決壊して下流域に洪水をもたらしたものもある。

これら山崩れのなかでも、ひときわ規模が大きく、飛越地震の名を後世にとどめる要因となったのは、立山連峰の大鳶山(おおとんび)と小鳶山(ことんび)の大崩壊であった。ほぼ南北に伸びる尾根の西斜面、現在は立山カルデラと呼ばれている凹地形の底に向かって、山体の一部が崩れ落ちたのであり、通称〝鳶崩れ〟といわれている。

立山カルデラは、観光コースの「立山黒部アルペンルート」が走る弥陀(みだ)ヶ原の南に隣接しており、東西約6・5キロ、南北約4・5キロの巨大な凹地形である。カルデラの斜面から流れだす大小の川の水は、集まって湯川となり、西進する湯川は、やがて南からくる真川と合流して常願寺川となり、富山平野を潤している。つまり立山カルデラは、常願寺川の源流部にあたるのである。

この立山カルデラは、いわゆる火山のカルデラではなく、長いあいだの侵食作用によって形成された凹地形、いわば〝侵食カルデラ〟である。この地域の地質は、新第三紀の海底噴火によって堆積した火山噴出物から成っており、風化が進んで一部は粘土化しているために、脆く崩れやすい岩質になっている。このような地質環境であるため、太古からの豪雨や地震によって崩壊が繰り返され、侵食カルデラが形成されてきたのである。

大鳶・小鳶の大崩壊によって生じた岩屑（がんせつ）なだれは、中腹にあった立山温泉を呑みこみ、カルデラ内の湯川から常願寺川を流下した。

『地水見聞録』によれば、「大震ひの時大鳶・小鳶、向は松尾・水谷抔（など）云山々、双方より湯川へ崩込、温泉は何丈とも不知（しらず）土の下に相成り、此砌（みぎり）湯治人は無しといへども、普請に入込居る処の人夫三拾何人、其儘（まま）埋り、影も形もなく、かつ右崩れ込し岩石・大木・泥土、行溢、八里斗り（ばか）下もの岡田辺江まで即時にナダレ出――」と記されている。

立山温泉の歴史は古く、かつて天正年間には佐々成政が立ち寄ったとも伝えられ、江戸時代

立山大鳶山抜図（富山県立図書館蔵）

には胃腸病などに効く名湯として賑わっていた。飛越地震が発生したときには、まだ雪も深く、湯治客はいなかったものの、建物の普請に入っていた30人あまりの作業員が、崩落した土砂の犠牲になったのである。

岩屑なだれが高速で流下したとき、無数の岩石がぶつかりあって火花を発し、その光によって、川筋が明るく見えるほどだったという。

湯川の上流部では、水流が堰き止められ、多くの天然ダムを生じた。また湯川の谷を流下した大量の土砂は、真川との合流点に達し、真川の谷を逆流して堆積し、長さ8キロ、高さ100メートルをこえる天然ダムが形成された。

このように、山地激震によって生じた大規模な地変は、やがて次なる大災害を誘発することになったのである。

2回にわたる決壊と大洪水

上流部で川が堰き止められたために、常願寺川の下流部では、水量が急激に減少した。堰き止め部の土砂は、当然のことながら、きわめて不安定な堆積物であった。もしそれらが決壊すれば、下流域は土石流や洪水流に見舞われ、富山平野は、荒れ狂う濁流に呑みこまれることは必至である。異変を予測した村々では、住民の避難も始まっていた。

そこへ、地震からちょうど2週間が過ぎた4月23日（旧3月10日）、信濃大町付近を震源とするM5・7の地震が発生し、その衝撃によって、真川の堰き止め部が決壊、大量の土砂や流木をまじえた土石流が下流の村々に襲いかかった。

このときの模様について、富山藩主家の史料である『越中富山変事録』には、次のように記されている。

「安政五年三月十日巳ノ刻より、立山の内常願寺川入谷ニ当リ、山間鳴動して、午の刻に至り常願寺川筋一面之黒煙立上り、其中より大巌（おほいわ）・大木、森羅万象一時ニ押流れ、水ハ一滞も相見へ不申（もうさず）、堅キ粥（かゆ）之如く成（なる）泥砂押出し、其内より大岩小岩打交り、黒煙立上り、芦峅（あしくら）寺村・本宮村辺ニ而（て）、弐・三拾間斗（ばかり）ノ大岩流れ出テ、夫より弐里斗下、横江村辺ニ而ハ七・八間斗之大岩流出テ、夫より下、利田村辺、朝日村辺ニテハ、七・八尺斗の岩流出す――」

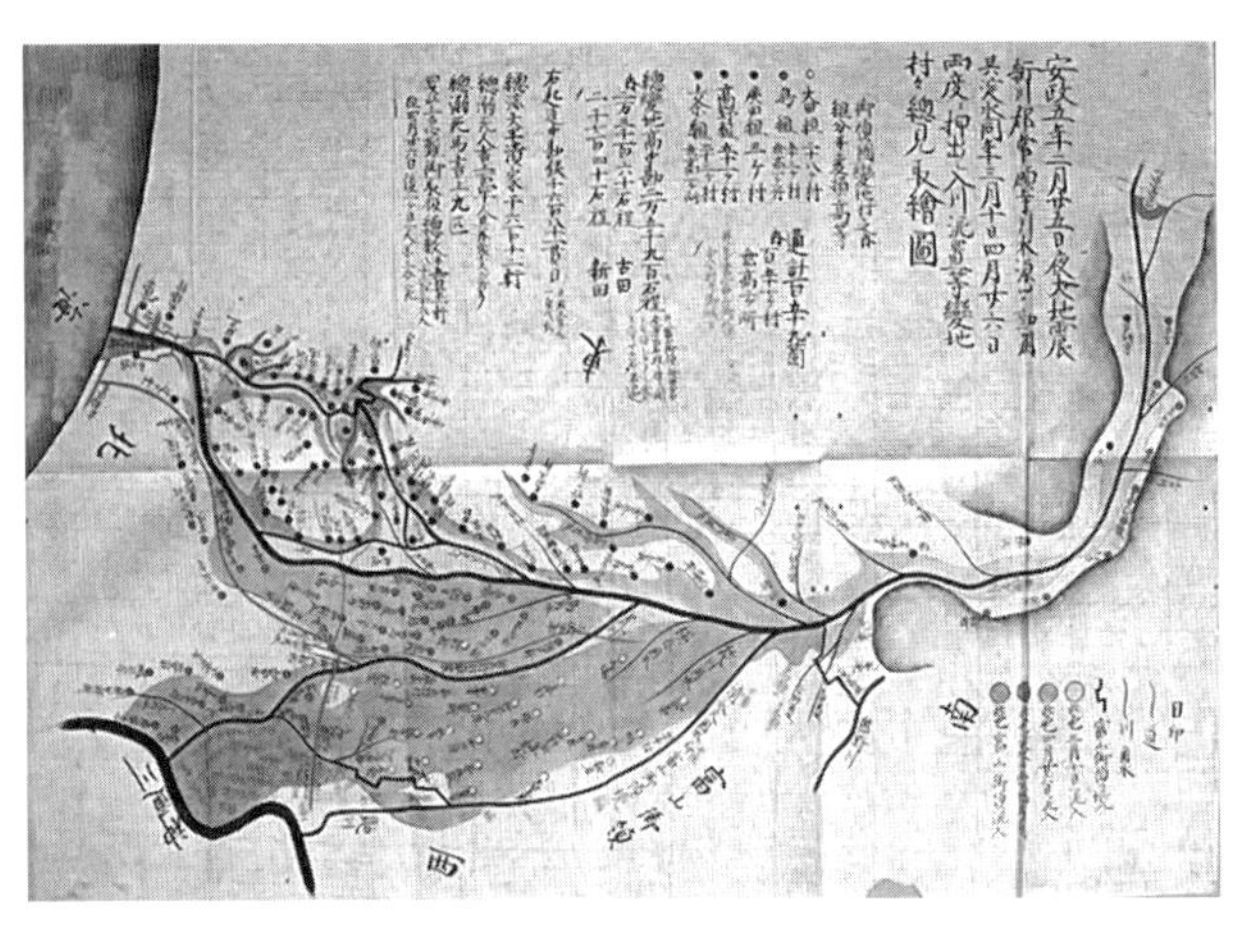

富山平野に大洪水（『常願寺川非常洪水山里変地之模様見取り図』）

無数の巨石や流木が押し流され、下流の村々を襲ったことが読みとれる。

しかし、災害はこれでは終わらなかった。地震発生から2か月後の6月7日（旧4月26日）、雨と雪どけ水によって水位の上がった湯川筋の天然ダムが決壊、大規模な土石流が発生して巨石や大木を押し流し、さらなる大洪水となって常願寺川の扇状地に氾濫した。堤防が各所で破壊されたため、洪水は富山平野を洗いつくし、多数の民家を押し流してしまった。この2回目の洪水は、1回目よりも規模が大きく、水位は2メートルほど高かったという。

1975年に編纂された『新庄町史』（富山市東部の新庄町）には、このときの大洪水の状況が記されている。

「――四月二十六日に至り、午後四時に一時に決壊。とうとうたる洪水は大土石流となって、天をもおおわんばかりの勢いで常願寺川扇状地に来襲した。洪水の本流は、町新庄で、東西二つに別れ、町新庄から荒川へ西へきりこんだ流れは、上富居、上下赤江、粟田、中島を埋没し、中島村（現・富山市中島地区）で神通川に落ち合った。上滝（かみたき）から東岩瀬まで、約四十キロ余りの間で、流失あるいはつぶされた家屋千六百十三戸、流失土蔵八百九十六棟、溺死者百四十人、負傷者八千九百四十五人という惨憺たる被害であった」

ここに書かれている上滝という所は、富山平野扇状地の扇頂にあたっている。そこから迸りでた水の勢いによって、ところどころで堤防が切れてしまった。そこから扇状地に溢れでた濁水は、とくに常願寺川の左岸一帯で荒れ狂い、水田はたちまち泥の海に化してしまったという。新庄町は、まさに洪水の直撃を受けたかたちとなって、凄惨をきわめたのである。400軒ほどの民家のうち、200軒あまりが流失したといわれる。

2回にわたる土石流と洪水によって、流失・全壊した家屋は1,600戸あまり、死者・行方不明者160人あまりと伝えられる。富山藩は、この事態を予測し、避難を指示していたのだが、それも空しかったのである。

いま富山平野の各所に、〝安政の大転石〟と呼ばれている巨石が点在していて、その由来を

安政の大転石

示す説明板も添えられている。これらの巨石は、このときの大洪水によって、常願寺川の上流部から運ばれてきたものであり、最大の転石は、直径5・6メートル、推定重量400トンもあるとされ、〝十万貫石〟ともいわれていて、大洪水の巨大な運搬力を物語っている。

行政の初動対応

飛越地震は、おもに常願寺川と神通川の流域を中心に、震害と土砂災害をもたらしたのだが、そのなかで、災害直後の加賀藩や幕府直轄領だった飛騨国の初動対応には、評価すべき点が多い。

加賀藩では、常願寺川上流部での異変に

関する情報が伝えられると、村役人の判断で、村民の避難行動を促す緊急情報を発し、最初の天然ダム決壊による災害の軽減に役立ったという。

飛騨国では、深い山中での震害であったにもかかわらず、御役所が、地震の２日後には災害の概要を把握し、被災地への調査団の派遣や食料などの支援を決定している。

山地の各所で土砂崩れが起きたため、飛騨と越中を結ぶ３つの街道は寸断されてしまった。これらの街道は、両国を結ぶ物流の動脈となっており、とくに耕地面積の少ない飛騨は、食料のかなりの部分を越中からの輸送に頼っていた。

そのため、飛騨国では、迂回路を開く一方、精力的に３つの街道の復旧工事にあたった。険しい山地での工事は難航をきわめ、４か月後にほぼ完了したのだが、その後の大雨で再び土砂崩れなどに見舞われたため、最終的な復旧は、秋にずれこんだという。

砂防事業発祥の地

飛越地震による大規模な土砂災害を契機に、常願寺川はすっかり暴れ川に変身してしまった。地震以前には、扇状地の扇頂にあたる上滝まで、河口から舟運があるなど安定した河川だったが、地震後は、豪雨のたびに水害や土砂災害が頻発するようになったのである。しかも、災害は年を追うごとに激化して、明治時代の1871年から1912年までの42年間に、40回もの洪水が発生している。

白岩砂防堰堤

こうした災害の繰り返しから、上流部で土砂を抑えないかぎり、常願寺川の治水は成り立たないことが認識されるにいたった。そこで1906年、富山県による砂防工事が着手され、さらに1926年には、国の直轄事業として引き継がれていった。こうして、常願寺川の上流域は、日本の砂防事業発祥の地となったのである。

しかし、これによって常願

寺川水系の災害が沈静化したわけではなく、昭和になってからも、しばしば土石流や洪水による災害に見舞われてきた。

とくに、１９６９年夏の集中豪雨は、戦後最大の雨量と出水を記録し、各所で土砂崩壊や土石流が発生した。昭和44年であったことから、〝四四災〟と呼ばれている。

現在、立山カルデラ内には、約2億立方メートルの不安定な土砂が残留しており、〝鳶泥（とんびどろ）〟とも呼ばれている。かりに2億立方メートルの土砂で富山平野を覆いつくすと、平均2メートルの厚さで堆積することになるという。したがって、将来の災害から富山平野を守るために、砂防技術を駆使した戦いが、果てしなく続けられているのである。

大地震の置き土産

いま富山のまちを歩いてみると、市内を流れる鼬川（いたち）に沿って、小さな地蔵堂がいくつかあり、〝延命地蔵〟と名づけられている。安政の大洪水のあと、富山市を覆った泥流堆積物の中から、お地蔵さんが見つかり、それを掘りだして丁重に祀ったところ、周辺の人びとの病気がなおったため、川のほとりに地蔵堂が次々と建てられてきたのだと伝えられている。

延命地蔵の祀られている所には、清澄な湧き水があって、お参りにきた市民が、容器に水を

鼬川沿いにある延命地蔵

汲んでは帰っていく。小さな地蔵堂が、このようなかたちで市民生活に溶けこんでいる姿を見ると、160年近く前の大災害が、今も文化として伝承されていることに感銘を覚えるのである。

近年わが国では、2004年新潟県中越地震や、2008年岩手・宮城内陸地震、さらには2016年熊本地震など、内陸の活断層の活動による地震が発生し、そのたびに、無数の地すべりや斜面崩壊を引き起こしている。このように、深刻な山地災害を招く内陸直下地震は、将来も必ず発生する。

いま飛越地震の災害像を振り返るなかで、そこから得られた教訓を、自然環境も社会環境も変貌を遂げ脆弱化した現代社会に置きかえつつ、将来の地震防災に活かすことが、まさに防災面における〝温故知新〟なのではないだろうか。

3　長野県西部地震と御嶽山大崩壊

王滝村の直下で地震発生

１９８４年（昭和59年）９月14日の午前8時48分、御嶽山の南麓にあたる長野県王滝村の直下を震源にして、Ｍ６・８の大地震が発生した。震源の深さは約２キロと、きわめて浅い地震で、「長野県西部地震」と命名された。この地震によって、御嶽山の山腹が大崩壊を起こすなど、大規模な土砂災害がもたらされたのである。

この地震では、地表に地震断層は出現しなかったが、余震観測の結果、延長15キロの北東—南西方向の断層と、これに直交する延長５キロの北西—南東方向の断層が、地下で活動したものとされている。

震源域の真上では、強烈な縦揺れによって、石や木片が飛んだという報告があり、地震動が局所的に重力加速度を超えた場所があったと見られている。

このとき、王滝村では推定震度６を記録した。震度が〝推定〟とされているのは、当時この村

松越地区で発生した土砂崩れ

には地震計が設置されてなく、周辺の被災状況から判断されたものである。

地震による被害は王滝村に集中し、全壊14戸、半壊73戸を数えたが、いずれも地震動そのものによる被害ではなく、土砂崩れに巻きこまれて倒壊あるいは流失したものである。

死者・行方不明者29人も、すべてが崩壊した土砂に呑みこまれての犠牲者であった。

王滝村松越地区では、段丘の一部が、家や道路を乗せたまま崩れ落ち、崩壊した土砂が、川を横断して対岸に乗り上げた。このとき、川底にあった生コンクリートの工場が、比高40メートルもの対岸の段丘上にまで押し上げられたほどである。この松越地区だけで、13人の死者がでている。また同村の滝越地区でも、集落の背後の山が崩れて民家を押し流し、1人が死亡した。

この地域は、御嶽山の太古からの火山噴出物が地表を広く覆っており、その最下層にあたる軽石層が、土砂崩れの滑り面になったと考えられている。

御嶽山の山体崩壊

そのような斜面崩壊のなかでも、桁はずれに大きく、大自然の脅威をまざまざと見せつけたのは、御嶽山の大崩壊であった。民謡にもうたわれている〝木曽の御嶽山〟の南斜面で、地震の衝撃によって山体の巨大崩壊が発生したのである。

崩壊は、御嶽山の山頂から500メートルほど下った標高2,500メートル前後の尾根の部分から発生した。その結果、最大幅750メートル、最大長1,500メートル、深さ150メートルにも及ぶ馬蹄形の凹地形を形成した。

御嶽山の山体は、溶岩流と、スコリアや火山灰など降下噴出物との互層から成っており、このときは、下位の千本松軽石層と呼ばれる軽石層の上面が滑り面となって滑落したものである。地震の前日には、かなりの降雨があって、千本松軽石層の中に多量の水が含まれていたため、急激に不安定になっていたとも考えられている。

御嶽山の山腹が大崩壊

崩壊した山の部分は、大規模な岩屑（がんせつ）なだれとなって、王滝川の支流である伝上川の谷を高速度で流下した。

〝岩屑なだれ〟という現象は、地震の衝撃や火山の噴火などに伴い、山体が大崩壊を起こすことによって発生することが多い。水を媒体として流下する土石流と異なり、空気を媒体として流れるため、地表との摩擦が小さく、高速の流れとなって破壊力を増大するのである。

このとき、御嶽山の崩壊によってなだれ落ちた土石の量は約3、600万立方メートル、東京ドーム約30杯分に相当すると推定されている。

岩屑なだれの一部は、崩壊箇所直下の谷を隔てて立ちはだかる、比高100メートルあまりの尾根を乗りこえて、隣の鈴ヶ沢に流入した。

尾根の上に乗った巨石

岩屑なだれが乗りこえたその尾根の上に、重さ120トン前後もあろうかと思われる大きな岩が乗っていた。この大岩は、大崩壊した斜面の上部に見られる古い溶岩流の一部が、岩屑なだれに乗って、空中を飛んできて着地したものと考えられている。

一方、岩屑なだれの主要部は、伝上川の谷を猛スピードで流下した。深さ150メートル、幅300〜400メートルの伝上川の谷をいっぱいに埋めて流下し、谷の側壁の森林をすべて剥ぎとり、破壊しつくしてしまった。さらに岩屑なだれは、谷の屈曲部で、右岸側の比高約100メートルの台地上に溢れ、隣の濁沢に流入している。

また、下流の谷沿いにあった濁川温泉の一軒宿が、岩屑なだれに呑みこまれ、温泉宿の家族４人

破壊された伝上川の谷

を含めて、この日ちょうど谷に入っていた釣り客など計15人が犠牲になった。

崩壊地点から約12キロ流下した岩屑なだれは、王滝川の本流に達して、ようやく勢いが衰え堆積した。その結果、王滝川の河床には、大量の土石が堆積し、その厚さは最大40メートルにも達した。谷の地形が、一変してしまったのである。

その後の調査から、岩屑なだれは、伝上川の谷を約9分で12キロ流下しており、平均時速80キロ前後だったことが明らかになった。したがって、谷筋にいて、岩屑なだれの襲来に気づいても、逃げおおせることは、まず不可能だったであろう。

私たちが災害のあと、ヘリコプターで現場の上空を飛んだとき、眼下にひろがる光景に、ただ息を呑むばかりの思いであったことを記憶している。森林を削りとられた伝上川の谷壁には、地下水が幾筋もの滝となって流れだしていたし、岩屑なだれが隣の濁沢に向かって越えた尾根の上には、流下してきた巨大な岩塊が地表に激突したとき、粉々に砕けて引いた白い筋が何本も見られた。この世のものとも思われない状景を目のあたりにして、大自然の猛威を、あらためて実感したものである。

岩屑なだれは王滝川の本流に入って堆積

火山体崩壊の脅威

歴史を振り返ってみると、大地震あるいは大噴火のさいに、火山体が大崩壊を起こした事例は数多く知られている。

１８８８年（明治21年）７月

15日、福島県の磐梯山が、水蒸気噴火とともに、山体が大崩壊を起こし、岩屑なだれによって山麓に大災害をもたらした。

近年では、アメリカの西海岸にあるセントヘレンズ火山が、1980年5月18日に大崩壊を起こし、岩屑なだれと強烈な爆風によって、周辺地域を荒廃に帰してしまった。このときは、地下からのマグマの上昇によって、不安定になっていた山腹が、M5・1の直下地震によって、一気に崩壊したのである。

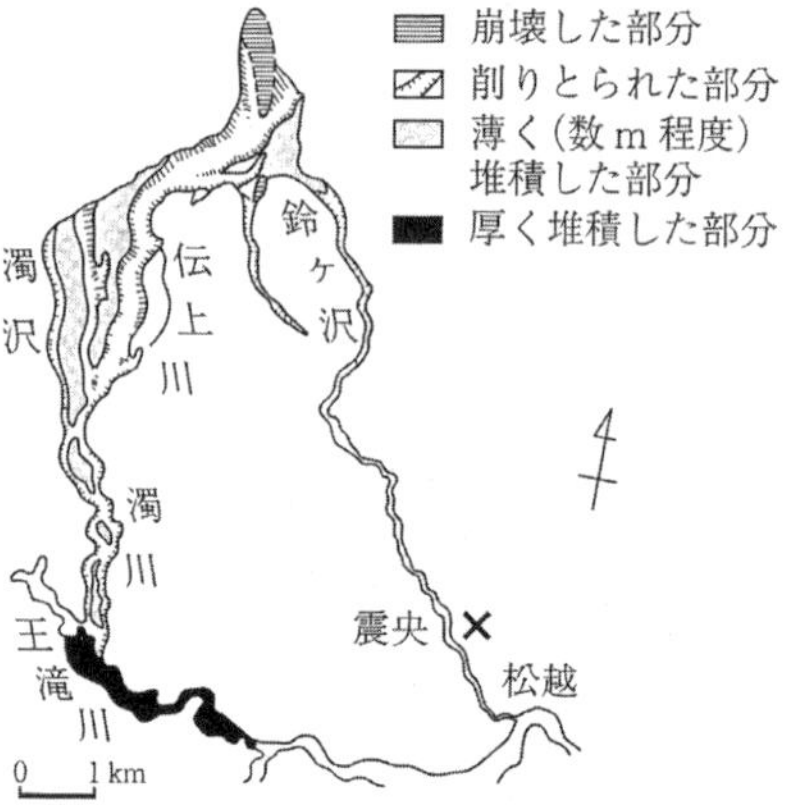

火山体で崩壊が起きやすいのは、とくに成層火山の場合、太古からの噴出物が斜めに積もっているからにほかならない。大量の噴出物が、急傾斜の地形に沿って堆積しているということは、重力的に不安定な状態であることを意味している。

もし噴出物層の中に、粘土化した軽石層など、滑りやすい層があれば、そこから上に堆積して

御嶽山の山体崩壊による岩屑なだれの流路図

いた火山噴出物は、地震の衝撃などによって、容易に滑落してしまう。

御嶽山の大崩壊は、まさにそのような仕組みで発生したと考えられる。したがって、長野県西部地震による災害は、〝地震に誘発された火山災害〟だったと位置づけることができよう。

御嶽山では、過去に大崩壊を起こしたと見られる地形が、12か所ほど見つかっているという。火山の長い歴史の過程で、おそらく数百年に1回ぐらいの割合で、大崩壊が起きてきたものであろう。とすれば、1984年長野県西部地震による御嶽山大崩壊は、われわれの世代がたまたま遭遇したものであり、まさに地質時代に生きているという実感を印象づける出来事だったといえよう。

4　伊豆半島を襲った2つの大地震

地震が多発した伊豆半島

1970年代、伊豆半島では、大きな被害をもたらす地震が相次いで発生した。

1974年伊豆半島沖地震、1976年河津の地震と1978年伊豆大島近海地震、そして1980年伊豆半島東方沖の地震などである。

なかでも、1974年5月9日に発生した「伊豆半島沖地震」と、1978年1月14日の「伊豆大島近海地震」では、多発した山崩れや土砂崩れによって、多くの犠牲者をだしている。

そもそも伊豆半島は、かつて南方海上にあった複数の火山島や海底火山が、北上するフィリピン海プレートの上に乗って移動し、600万年ほど前、本州に衝突して形成された半島である。衝突とともに、本州の側をぐいぐい押し続けてきたため、いわば皺が寄って、丹沢山地や御坂山地が誕生したと考えられている。

伊豆半島が本州を押す運動は、現在も続いているため、半島の地殻には、北西〜南東方向に強い力が加わり続け、歪みがたまりやすくなっている。その歪みが解放されることによって、内陸直下の地震がしばしば発生するのである。

したがって、直下地震の震源となる活断層が、伊豆半島には数多く分布している。

1930年（昭和5年）11月には、半島の北部を南北に走る丹那断層が活動して、北伊豆地震（M7・3）を起こし、全壊家屋2、165戸、死者272人という災害をもたらした。

伊豆半島沖地震

1974年（昭和49年）5月9日の午前8時33分、伊豆半島の南端を震源とする地震が発生した。地震の規模はM6・9、南伊豆町で震度5を記録している。この地震は、「伊豆半島沖地震」と命名されたが、その後の観測・調査結果などを総合してみると、震源域は、ほとんどが伊豆半島南端の内陸部であり、石廊崎（いろうざき）断層の活動による内陸直下地震だったことが明らかになった。

このとき、半島の南端近くには、西北西～東南東の向きに、長さ5・5キロに及ぶ地震断層が出現した。断層の変位は、上下に最大45センチ、水平に最大25センチで、右横ずれの断層活動であった。

この石廊崎断層については、地震の前年に、航空写真の判読によって、顕著な活断層であることが指摘されていた。したがって伊豆半島沖地震は、既知の活断層が動いて地震を発生させたという、日本で最初の事例となったのである。

地震による被害は、ほとんどが山崩れ、崖崩れによるもので、家屋の全壊134戸、焼失5戸、死者30人を数えた。

被害は南伊豆町の入間地区と中木地区に集中した。入間地区では、ほとんどの家屋が何らかの損壊をこうむったが、隣接する中木地区の被害は、さらに大きかった。城畑山の斜面が、幅約60メートルにわたって崩れ、家屋22戸が埋没し、27人の死者がでた。崩壊土砂の量は、約3万立方メートルと推定されている。さらに中木地区では、土砂に埋まった家屋から火災が発生した。プロパンガスのボンベからガスが漏れだし、引火したものと推定されている。

石廊崎では、断層の真上にあった石廊崎灯台が損傷し、航行中の船舶に信号を送ることができなくなった。

このほか、石廊崎から松崎までの西海岸では、無数の斜面崩壊が発生し、道路も寸断された。被災地全域で、山崩れ、崖崩れは100か所あまりを数えたという。

民家の裏の崖に出現した断層

伊豆大島近海地震

伊豆半島沖地震から3年8か月後の1978年（昭和53年）1月14日午後0時24分、「伊豆大島近海地震」（M7・0）が発生した。この地震により、横浜市と伊豆大島で震度5を記録した。また、静岡県東伊豆町の稲取では、震度6に相当する揺れに

認識されていた石廊崎断層（国土地理院提供）

襲われたとみられる。

地震の震源域は、伊豆大島と伊豆半島のあいだの海底から、さらに内陸へ入り、半島の中央部にまで達している。「伊豆大島近海地震」という名称から、伊豆大島の状況に関心が向けられるが、被害が集中したのは、むしろ伊豆半島の東部から中部であった。地震による死者は25人、家屋の全壊96戸、山崩れ、崖崩れ１９１か所を数えた。

断層が伊豆急行電鉄の稲取トンネルの内部を横切ったため、トンネル内に、右横ずれ50～70センチの変位を生じた。断層が直下で活動した稲取は、激しい揺れに見舞われたものの、地震動そのものによる建物の倒壊はほとんどなかった。

見高入谷地区の大規模地すべり

この伊豆大島近海地震のときも、1974年の伊豆半島沖地震と同様、被害の大半は斜面の崩壊や地すべりによるものであった。崩壊した大量の土砂によって、海岸や谷間などにある集落が埋まったり、道路が寸断されるなどの被害がでた。

河津町の見高入谷地区では、長さ約300メートル、幅約200メートル、高さ約30メートルにわたって、大規模な崩壊性地すべりが発生し、家屋10戸が土砂に埋まり、7人が死亡した。また、河津町梨本の県道では、走行中の路線バスの上に、高さ約50メートルの崖から大量の土石が落下してバスを埋め、乗客3人が死亡した。

25人の犠牲者すべてと、全壊家屋96戸の大部分は、伊豆半島東部や中央部で発生した山崩れや崖崩れ、地すべりなどによるものであった。

トンネルの出口に落下した大岩

東海岸を走る伊豆急行電鉄の線路や東伊豆ハイウェイも、各所で発生した崖崩れによって寸断された。伊豆急行は、河津駅の手前（伊東寄り）で、巨大な岩がトンネルの出口を破壊して線路上に落下したため、それを取り除くために、半年間も不通になったほどである（上の写真）。

この地震では、地域開発による被害の拡大が指摘されている。そもそも伊豆半島は、地形が急峻なうえ、地表近くは、風化の進んだ古い火山噴出物で占められている所が多い。つまり、自然の状態でも不安定な地形・地質であるため、地震によっても豪雨によっても、斜面崩壊を起こしやすいのである。

そのような地盤の上に、近年の開発によって、新しい道路や鉄道が建設されてきた。急斜面に

路線バスを埋めた梨本の土砂崩れ

沿って、道路や鉄道を敷設するときには、その幅の分だけ平地が必要になる。そのためには、どうしても斜面を削らねばならない。こうした工事によって出現した急傾斜の人工斜面は、しばしば安定角をこえた50～60度の傾斜を示すことが多く、それだけ危険を潜在させる結果となる。

3人の死者がでた梨本の崩壊現場でも、道路の幅を広げるために、山側の斜面が削られ、人工的な急斜面となっていた。そこへ強い地震動が襲い、斜面の上部に堆積していた土砂が、一気に崩れ落ちてバスを埋めたのである。

地域開発を優先してつくられた新しい道路や鉄道に被害が集中した現実をみると、伊豆大島近海地震による土砂災害は、人災的色彩の濃いものだったともいえよう。

またこの地震では、きわめて特異な災害が発生した。それは、天城湯ヶ島町（現・伊豆市）にある中外鉱業の持越（もちこし）鉱山で、鉱滓堆積場の鉱滓が、液状化を起こして堰堤を破壊し、猛毒のシアン化ナトリウムを含む10万トンあまりの鉱滓が流出したことである。毒水は狩野川に入って流下し、最終的に駿河湾に流入したため、河川水だけでなく海水までも汚染し、多くの魚介類が死滅するという事態になった。

余震情報騒ぎ

伊豆大島近海地震の特徴の一つは、余震活動がきわめて活発だったことである。そのため気象庁は、地震の3日後の1月17日、「余震はまだ続く可能性があり、最悪の場合はM6（マグニチュード6）程度の余震が発生する可能性がある」という趣旨の「余震情報」を発表した。

この情報が、翌18日、静岡県を通じて東伊豆の現地に伝えられたところ、「今夜もっと大きい地震がくる」という噂となって蔓延し、多数の人が防災頭巾などを持って、真冬の夜、広場などに避難したのである。

この騒ぎは、その夜のうちにほぼ治まったのだが、のちに調べてみると、情報がさまざまなルートを経由して現地に伝えられていくうちに、その内容が変質してしまったことが明らかになった。つまり地震の規模を示す「M6」が、いつのまにか「震度6」に変わっていたのである。M6程度の地震なら、大規模な災害にはならないと考えられるのに、震度6ともなれば、激しい揺れによって、甚大な被害の発生する恐れがある。住民がただちに避難行動を起こしたのは無理からぬところである。

情報の送り手は「マグニチュード」として送りだしたのに、受け手の側は「震度」と誤解して騒ぎが起きてしまった。これも元をただせば、〝マグニチュード〟と〝震度〟についての正しい認識が欠如しているなかで発生した流言ということができよう。

さらに、「地震は午後6時に起きる」という噂にまで発展した。〝6〟という数字がひとり歩きしてしまった結果である。情報の伝達過程で、「M6」が「PM6」に変わったのだともいわれている。

このいわば「余震情報騒ぎ」は、社会心理学者の絶好の研究対象になったのである。

第7章　終戦前後の直下地震

1　鳥取市を壊滅させた大地震

2つの活断層が動いた！

１９４３年（昭和18年）９月10日、鳥取市を大地震が襲い、壊滅的な災害をもたらした。地震が起きたのは午後5時37分で、規模はＭ７・２、典型的な内陸直下の地震であった。

鳥取平野の真下で、鹿野断層と吉岡断層という2つの活断層が活動して大地震を引き起こしたのである。両断層とも、地表に地震断層を生じた。その長さは、鹿野断層で約8キロ、吉岡断層で約4・5キロに達している。このように、地震断層が現れるような地震は、震源がきわめて浅いため、地表が激甚な揺れに見舞われることはすでに述べてきたとおりである。

被災地全体で、家屋の全壊7、485戸、半壊6、158戸、全焼は251戸を数え、死者は1、083人にのぼった。このうち、被害の最も大きかった鳥取市が、全体の約80パーセント

廃墟と化した街並み

を占めている。地震と同時に市内の12か所から出火、その後さらに4か所からも出火して燃えひろがった。

貴重な地震体験記

このときの鳥取市民による体験記が、『鳥取県震災小誌』や『鳥取地震災害資料』などに収録されている。

「平和な各家庭においては、楽しい夕餉(ゆうげ)の支度に忙しく、官庁や会社等においても、残暑の名残りまだ消えやらぬ暑苦しい一日の勤めを終えて、やっと解放された気持ちで帰途につきつつあった。――（中略）――道を歩いていた者は、瞬間に地上に投げ出されている自分を見出した。立ち上がろうにも立てないのである。そこかしこの家々からおこる悲痛な叫び声に続いて、バラバラと身一つで逃れ出る人びと。かくてこの瞬間に、家々の建物は、目の前で　凄まじい土煙を立てて崩れて行ったのである。ほんの一瞬の出来ごとであるが、今までの平穏な世界は一変して、この世さながらの生地獄と化し、倒れた家の下敷きとなって瞬時に生命を失う者、悲痛な声をふりしぼって助けを求める者、親を呼び子を求めて号哭する声は巷（ちまた）に充ち溢れ、あわれ罪なくして親を奪われ、傷つき、住むに家なく、逆上狂乱して右往左往する人びとの姿は痛ましいというか、全く凄惨きわまりない、阿鼻叫喚の地獄であった」（『鳥取県震災小誌』）

「川で釣りをしていたら、ゴーッと地鳴りがして、川の水が流れの逆方向に波立った。立っておれないで、河原の草にしがみついて地震のおさまるのを待った。堤防の先のレンガ造りの変電所のレンガが、雨のようにバラバラ降り落ちるのを見た。地震がおさまり、堤防に上って市内を見ると、倒れた家の土煙で何も見えなかった。帰る途中に鉄道線路がアメのように折れ曲り、道路堤防等に足が落ち込む程の、幅10センチ以上、深さ50ないし60センチ、長さ数十メートルに及ぶ地割れができているのを見た」（『鳥取地震災害資料』に載る10歳の少年の手記）。

また、鳥取師範学校の本科一年生だった三森和夫氏は、同校の同窓誌『彩雲めぐる』に、地震の体験を記している。

地震の起きた午後5時半すぎ、彼は学校から帰寮し、食事当番だったため、食堂に入る鐘の合図を待っていたところ、激しい揺れが襲ってきた。食堂は上下左右に揺れ、大音響とともに潰れてしまったという。

「その後、どんなふうにして校庭に集まっていったのか、定かな記憶がない。ややあって、各寮ごとに班を編成し、救助活動に街へ出かけていった。街はひどいものであった。倒壊した大屋根の庇（ひさし）が路面にかぶさり、屋根の形だけを保ったもの、二階が振り飛ばされて一階だけが残った建物もあった。潰れた家の屋根の上を伝って歩き、瓦礫の間を縫って救助に当たる。泣き叫びながら、『この辺が子ども部屋だと思う』という母親の指示で屋根をはがすと、四、五歳位の子が梁と梁の間に蛙のようにうずくまっていた。梁に頭を挟まれた娘さんを助け出してみると、鼻の変形しているのもあった。救出が間に合わず、火が回って家の下敷きのまま焼死した人もあった。死体運びの作業は、夜中を過ぎても行われた。疲労と空腹に、ぶっ倒れる寮生もあらわれる始末であった」

地震火災の発生

鳥取市で同時多発火災になったのは、地震の発生が夕食の準備をする時間帯に重なったため

火災が被害を拡大した

と、風呂場の火が燃えひろがったりしたためである。当時のことだから、炊事用の火は、七輪の炭火や竈(かまど)の薪によるものがほとんどで、突然の激しい揺れに、火の始末をする余裕などなかったのである。倒壊した家屋から発した火は、たちまち燃えひろがり、広域的な火災となった。

道路には、倒れた建物や電柱などがおおいかぶさり、消防車の通行を妨げた。水道管も各地で破裂したため、消火用の水を得ることができず、消防機能がまったく失われてしまったのである。倒壊した屋根の下でくすぶっていた火が、地震後しばらく経ってから燃えだした例も少なくない。

こうして拡大した火災は、地震の翌々日、9月12日の午前5時ごろになって、ようやく鎮火した。ほぼ36時間燃えつづけたことになる。

鳥取市内の建物は、耐震性のある鉄筋コンクリート造りや、地盤の固い地区の建物を除いて、ほぼ全滅状態であった。この地域の建物は、冬の積雪に耐える工夫はなされていたものの、地震への配慮はほとんどなされていなかったといえよう。雪の重みに耐えるために、太くて重い梁を使った重心の高い建物が多かった。商店は、店を広く使おうとして、1階部分の柱を少なくしていたから、たちまち倒壊するという憂き目にあった。

また、城下町であったためか、江戸時代以来の老朽化した家屋も多く、たびたびの水害にあって、土台の朽ちている家もあった。このような建築物の構造が、大半の家屋の倒壊と火災の発生を招いたのである。

報道管制下で

鳥取地震の起きた1943年9月といえば、太平洋戦争のさなかであり、しかも日本の戦局が日ごとに悪化していくころであった。そのため、報道管制も厳しく、新聞もラジオも、震災の状況を詳しく伝えることは禁じられた。大震災の全容は、ほとんど国民に知らされなかったのである。

震災の翌日、武島一義鳥取県知事によって、次のような告知文が配布されている。

「被害は鳥取市が最もひどく、目下県内各地をはじめとして隣接の府県から、医療・食糧・経済資材などの救援がなされつつある。市民は冷静沈着に行動し、いたずらに憶測でデマを流すことなく、外敵のスパイに利用されることのないよう望むものである」

県庁の前庭には、テント張りの「鳥取県災害対策本部」が設けられ、食料品や生活必需品、薬品などの手配や、情報連絡、周辺警備などの任務にあたった。９月23日には、「鳥取県震災復興本部」が設置され、復旧と復興事業が進められることになった。しかし、戦時下にあって、資材も労働力も不足し、復興事業はほとんど進まないまま、２年後の終戦を迎えることになる。

地震で住居を失った人びとに対して、県はバラック住宅を建設し、１３２戸、８８８世帯が収容された。しかし、この急造バラック住宅が、のちの鳥取大火を拡大する原因となったのである。

９年後の鳥取大火

大震災から９年を経た１９５２年（昭和27年）４月17日の午後２時半ごろ、国鉄鳥取駅の東方付近から出火した。火は折からの強風に煽られて、市内各所に飛び火し、鳥取市全体を巻きこむ大火となった。

この日は、日本海側を発達した低気圧が通過していて、フェーン現象が発生、鳥取市内には

焼野原となった鳥取市

乾いた強風が吹き荒れ、風速は15メートルにも達していた。

大規模火災に対して、県内各地の消防隊が応援に駆けつけたのだが、当時の貧弱な消防力では、延焼を阻止することができなかった。

この大火によって、焼失した家屋は5、228戸、罹災者は約2万4、000人に達した。鳥取の旧市街地のほぼ3分の2にあたる190万平方メートルが焼失したのである。

広域火災にまで発展した原因は、もちろん強風下の出火だったことにもよるが、さらに出火地点の周辺が、木造建築物の密集している地域だったことも、延焼面積を広げる原因となった。

とくに、9年前の鳥取地震のあと、資材が不足するなかで、応急的に造られたバラック建ての建物が多かったため、たちまち猛火になめつくされることになり、さらに飛び火が飛び火を呼んで、被害を拡大する結果となったのである。

これももとをただせば、燃えやすい都市環境が、1943年の大震災後に形成されていたためといえよう。

ひとたび大震災に見舞われると、その影響が長期にわたって残り、次の災害を誘発する原因にもなることを、鳥取地震と9年後の鳥取大火は物語っているのである。

2　三河地震

東南海地震と報道管制

太平洋戦争の末期、中京地区を2つの大地震が襲った。「東南海地震」と、その37日後に発生した「三河地震」である。

東南海地震は、1944年（昭和19年）12月7日、紀伊半島南東沖の南海トラフで発生した海溝型地震（M7・9）で、静岡・愛知・三重・和歌山の各県を中心に、家屋の全壊1万7、599戸、津波による流失3、129戸、死者・行方不明者は1、183人を数えた。

静岡県下では、菊川や太田川の流域、浜名湖の周辺などで、多数の家屋が倒壊した。今井村（現・袋井市今井）のように、家屋の全壊率が96パーセントに達した地域もある。

愛知県下では、とくに伊勢湾の北部、名古屋市から半田市にかけての港湾地帯に立地していた軍需工場が倒壊して、多くの犠牲者がでた。なかでも悲惨だったのは、戦時中の勤労動員によって、これら軍需工場で働かされていた中学生などが多数死傷したことである。倒壊した工場の下敷きになって死亡した中学生などは、約１６０人といわれている。

紀伊半島の南東海岸には、大津波が襲来した。津波の波高は、三重県の尾鷲で9メートル、錦で7メートル、和歌山県の新宮でも3メートルに達した。

尾鷲には、地震発生から26分後に大津波が襲来し、港に停泊していた多数の漁船を陸に押し上げ、家々を破壊した。尾鷲だけで５４８戸が流失または倒壊し、死者・行方不明者26人を数えた。

このころ、日本の戦局は末期的症状を呈していた。相次ぐ海戦での敗北に続いて、ガダルカナル島での戦闘で、日本軍はほぼ全滅状態となった。１９４４年6月には、サイパン島が米軍の手に落ち、10月には、フィリピン沖の海戦で連合艦隊が敗北し、レイテ島も奪還されてしまった。

サイパン島を奪還した米軍は、ただちに空軍基地を整備し、日本本土への空襲を開始した。11月24日には、東京が初めて米軍機による空襲を受けた。

水田に現れた深溝断層（津屋弘逵氏撮影）

そのような状況下で、日本の中枢にあたる地域が大震災に見舞われたことなどを公表すれば、国民の戦意喪失につながると危惧した軍部は、厳しい報道管制を布いて、真実を国民の目から遠ざけてしまったのである。

当時、新聞やラジオ放送は、軍機保護法により規制されていて、マスメディアは真実を伝えることなどできなかったのである。東南海地震が「隠された大地震」と称せられる所以である。

三河地震の発生

年が明けて１９４５年（昭和20年）、東南海地震から37日後にあたる1月13日の未明、3時38分に愛知県南部を震源として三河地震が発生した。地震の規模はＭ６・８、深溝（ふこうず）断層の活動による直下地震で、地表には、延長約9キロ、垂直変位が最大2メートルの地震断層を生じた。

地震による被害は、渥美湾沿岸の幡豆(はず)郡でとくに大きく、形原(かたはら)（現・蒲郡市形原町）などを中心に、死者２、３０６人、家屋の全壊７、２２１戸を数えた。

東南海地震からひと月あまり、米軍機による空襲が続くなかで、地域は前月の大地震の痛手から立ち上がろうとしていた矢先の直下地震であった。

海溝型の巨大地震であった東南海地震（Ｍ７・９）に比べれば、三河地震はＭ６・８と、地震のエネルギーは40分の1ほどにすぎないのに、犠牲者の数は2倍に近い。地表に地震断層を生ずるような内陸直下地震が、激しい揺れによって、いかに甚大な災害を招くかを物語っているといえよう。

しかも三河地震は、発生が午前3時半すぎで、ほとんどの住民が就寝中だったため、たちまち倒壊した家屋の下敷きになって圧死した人が多かったのである。

『わすれじの記―三河地震による形原の被災記録』には、生々しい地震体験談が載っている。

「家はドンドン、バリバリ引き裂かれるような不気味な音、上へ放り上げて、下へ叩きつけるような、それが凄い速さの連続だった。――（中略）――あたりは一瞬にして阿鼻叫喚の巷と化していた。おまけに凍りつくような寒さと真の闇だ。突然すぐ近くの家から血をしぼるよう

多数の死者を招いた家屋の倒壊

な叫び声が、女のような黄色い声で〝おっ母ぁと子供達が下敷きになっとるで。早う誰か助けてくれー〟と必死で救いを求めているではないか。すぐ飛んで行ってあげたくてもまっ暗で、どこかに大きな亀裂が口を開けているようで恐ろしかった」（19歳女性）

死者の多かった町村では、数十人ずつまとめて集団火葬が行われた。しかも、空襲に備えての灯火管制下であったため、空襲警報が発令されると、あわてて水をかけて火を消し、警報が解除になると、また火をつけるという作業を繰り返したという。

疎開学童の悲劇

三河地震でとりわけ悲惨だったのは、名古屋市などから集団疎開をしていた多数の小学生が犠牲になったことである。

太平洋戦争の戦局が日ごとに不利になっていく状況下で、空襲に備えて大都市に住む学童の集団疎開が始められたのは、1944年の夏であった。戦争に追い立てられ、親もとから引き離された子どもたちが、食糧も乏しく、衛生状態も悪い環境のもとでの集団生活を強いられていたのである。

三河地震の被災地で、子どもたちは、いくつもの寺に分かれて宿泊していた。そもそも寺院は、本堂の壁が少ないうえに瓦屋根が重く、耐震性が低い構造になっている。

『西尾市史』によると、当時この地域では、名古屋市の3つの国民学校から、1、365人の児童を受け入れていたという。なかでも、宿泊していた寺が倒壊して、多くの死者をだしたのは大井国民学校であった。

安楽寺という寺には、3年生の男女30人ほどが泊まっていたが、本堂が倒壊したため、青年団が本堂の屋根を破って児童を次々と救出したのだが、8人が亡くなった。福浄寺には、5年生48人が宿泊していたが、本堂が倒壊して11人が死亡した。3年生の男子29人が宿泊していた妙喜寺では、本堂も庫裏（くり）も倒壊し、先生1人と児童12人が犠牲になった。

震災のあと、大井国民学校や地元関係者らが、3つの寺（安楽寺、妙喜寺、浄福寺）の名前からそれぞれ一字ずつをとって、「安喜福会」という組織を結成し、戦後になってから、犠牲者の冥福を祈って、「師弟延命地蔵」を妙喜寺に、その分身像を他の2つの寺に安置したという。

振り返ってみれば、幼い命を奪ったのは、直接的には地震だったのだが、遠因はやはり戦争そのものにあったといえよう。戦争さえなければ、東南海地震での勤労動員の中学生の死も、三河地震の疎開学童の悲劇も起きなかったはずである。

三河地震については、前月の東南海地震のときよりも、報道はさらに希薄であった。内陸直下地震であったため、強い揺れに見舞われた範囲が局所的であり、震源地から離れるにつれ、揺れが急速に減退し、被災地以外では、報道がなければ、地震の発生を知るよしもなかったのである。

せいぜい一部の新聞が、「東海地方に地震、被害最小限度に防止」、「被害の多くは納屋や物置小屋」など、被害を意識的に過小評価した記事を載せた程度であった。

疎開学童に多くの死者がでた現場では、駆けつけた警察官が、生き残った子どもたちに向かって、「お前たち、ここで見たことは見なかったことにしろ！」と命令したという。

目撃した悲惨な状況を、他の場所で口外するな、という意味である。まさに当時の世相を象徴する事例だったといえよう。

制約された地震調査

東南海地震と三河地震については、当時の地震学者や中央気象台関係者が現地調査を実施していて、いずれも極秘扱いの報告書としてまとめられている。

東南海地震については、『極秘　昭和十九年十二月七日東南海大地震調査概報』や『東京帝国大学地震研究所速報第四号』がある。いずれも、さまざまな震害の状況や津波の波高と被害などについて報告が載せられており、貴重な資料となっている。

三河地震についても、中央気象台の『三河烈震地域踏査報告』や、愛知県による『三河地方震災状況記録』などがある。しかしこれらは、どれも極秘文書扱いであったから、一般人の目に触れることはなかった。

その一方で、現地調査にあたった学者たちの苦労は、ひとかたならぬものであった。調査に必要な機器も不足しているうえ、写真撮影にあたっても、いちいち憲兵隊や警察の許可を得なければならなかったという。現在では想像もできないほど調査活動が制約され、不自由を強いられていたのである。終戦を目前にした太平洋戦争が、日本の地震学、防災学の発展を阻害していたということができよう。

3　福井地震

福井市壊滅

太平洋戦争終結前後の５年間は、日本列島大揺れの時代であった。１９４３年９月の「鳥取地震」、１９４４年12月の「東南海地震」、１９４５年１月の「三河地震」、１９４６年12月の「南海地震」、そして１９４８年６月に発生した「福井地震」と、日本の中部以西で、１、０００人規模の死者をだす大震災が相次いだのである。戦中戦後の社会的混乱期は、また日本の大地の動乱期でもあったといえよう。

福井地震の発生は、１９４８年（昭和23年）６月28日の午後４時13分、福井平野の直下を震源とするＭ７・１の地震で、福井市はほとんど壊滅状態となり、被災地全体で３、７６９人の犠牲者をだすにいたった。

地震の震源がきわめて浅く、しかも地盤の軟弱な沖積平野の真下で発生した地震であったため、地表は激甚な揺れに見舞われ、地震の規模のわりには、甚大な災害をもたらしたのである。

太平洋戦争の末期、１９４５年７月19日の深夜、福井市は米軍機による空襲を受け、市街地の

95パーセントが焼け野原になってしまった。犠牲者は、1、500人あまりだったと伝えられる。

戦災の翌月に終戦を迎えたものの、市民は食糧危機と物資不足に苦しむなかで、生活の再建と復旧に努めなければならなかった。そして終戦から3年近くが経って、ようやく復興の目安がついてきた矢先の地域社会に、再び壊滅的な打撃を与えたのが福井地震だったのである。

被害は、福井、丸岡から吉崎にいたる南北約15キロの狭い範囲に集中した。森田町や丸岡町など、家屋の全壊率がほぼ100パーセントに達した地域もあった。

震源地の周辺では、激しい揺れが30〜40秒も続いた。大半の家屋は、揺れが始まってから、5〜15秒で倒壊したともいわれる。

人口8万6、000あまりの福井市では、総戸数1万5、525戸のうち、1万2、425戸が全壊し、全壊率は80パーセントをこえた。被災地全体では、家屋の全壊3万5、000戸あまりを数えたという。

災害は広範囲に

震災から30年を経た1978年に、福井市が刊行した『福井烈震誌』には、当時福井市の若手職員で、のちに福井市長を5期務めた大武幸夫氏の地震体験記が載っている。

「この日は朝からどんより曇って蒸し暑く、何となくいやな感じのする一日であった。人々は窓を開け、少しでも外気を求めた。時に午後五時一四分（注：当時はサマータイムを実施中）、学校の授業がすんだ子供達は喜々として戯れ、一日の勤めを終えた人々は、〝ほっ〟として家路を辿っていた。その瞬間、突如〝ごおっ〟という気味悪い音がしたかと思うと、大地は〝ぐらぐらっ！〟と大波の如くうねり、家も、人も、犬も、地上のあらゆるものは大地にたたきつけられた。橋という橋はいくつにも折れて河中に墜落し、進行中の汽車や電車はその場に横倒しになった。土煙で空は夕暮れのように暗くなり、余震はひっきりなしに続いて、正に地球最後の日を思わせた。地震と共に、市内各方面から火災が発生し、猛烈な勢いで全市に拡がった。建物の下敷となって圧死する者数知れず、生きながら焼かれて死んだ人も少なくなかった」

戦後の復興期に建てられた家屋は、耐震性が低く、そこへ激震が襲いかかったために、瞬時に多数が倒壊したのである。

さらに被害を拡大したのは、火災の発生であった。地震とほぼ同時に、福井市内だけでも24か所から出火した。火はたちまち周辺に燃えひろがり、2,000戸あまりが焼失した。木造モルタル造りの映画館が火に包まれ、観客ら数百人が亡くなったとも伝えられる。

福井市の中心部にあった鉄筋コンクリート造り7階建ての大和百貨店は、15度ほど傾いたう

米軍が撮影した福井市の惨状

え火災にも見舞われ、無残な姿をさらす結果となった。折から福井市を訪れていたアメリカ・ライフ誌の記者が、被災した大和百貨店を撮影し、その写真を同誌に掲載したため、一躍国際的に知れわたることとなり、福井震災の象徴と位置づけられている。

福井刑務所の建物も倒壊したため、収容されていた服役囚を、24時間以内に戻るという条件つきで一時釈放したのだが、59人が戻らなかったという。

福井地震では、福井市がほぼ壊滅状態となったが、一方では、鉄道の被害も著しかった。上野発米原行きの列車が転覆したほか、2本の列車が脱線転覆した。また、鉄道線路が波打ったり、蛇行するなどの被害を生じたうえ、九頭竜(くずりゅう)川をはじめ足羽(あすわ)川や日野川などにかかる13の鉄橋が落下した。そのため北陸本線は、地震から2か月間も不通になったという。

この地域はまた、昔から繊維産業の盛んな土地柄だったが、地震によって多くの繊維工場が倒壊したため、経済的にも大きな打撃を受ける結果となった。

農業被害も甚大であった。水田からは水が飛びだし、用水路も決壊したため、水が補充できず、水田は干上がってしまった。また、地盤の液状化による噴砂現象などが多発したため、稲作ができない状態に陥った。

各所で液状化による地割れや陥没、泥水の噴出などが発生し、福井市和田出作(しゅっさく)町では、水田で草取りをしていた女性が、地割れに挟まれて死亡した。地割れによって死者がでたのは、きわめて珍しい事例として、学会でも注目されたという。

坂井郡吉崎村の浜坂では、高さ60メートルほどの砂丘の砂が、地震動によって大崩壊を起こし、民家13戸を埋没、23人の死者がでた。

九頭竜川や足羽川などの堤防は、1～5メートルも沈下し、各所で亀裂や崩壊を生じた。これが、ひと月後の大水害を引き起こす原因となったのである。

地震から1か月近くを経た7月23日から25日にかけて、梅雨末期の集中豪雨が福井地方を襲い、山間部では、総雨量が300ミリにも達した。地震によって地盤がゆるんだり、ひび割れていたうえ、戦時中の乱伐によって山が荒れていたため、大雨とともに福井県全域で無数の土砂崩れが発生した。大野郡五箇村では、大規模な土石流も発生している。

九頭竜川、足羽川、日野川など、堤防の亀裂や陥没が著しい箇所では、地震のあと応急的な復旧工事も行われていたが、7月25日午後から激しさを増した豪雨によって、九頭竜川左岸の堤防が決壊、大出水によって平野は一面泥の海と化してしまった。

九頭竜川だけでなく、足羽川や荒川なども氾濫し、溢れでた水が市街地に流れこんだ。当時の福井市総面積の約6割が浸水し、総戸数の約4割が罹災したという。まさに、地震と豪雨による複合災害の様相を呈したのである。

震度7の設定

福井地震による災害の状況を概観すると、地盤の性質によって、被害の程度に差のあるがことがわかる。とりわけ大きな被害となったのは、九頭竜川の下流域にあたる沖積平野で、地盤

倒壊した大和百貨店（福井地震の象徴とされる）

が軟弱なため、多くの建物や土木構造物に著しい被害がでた。福井市も、この沖積平野の上に発達していた。それにひきかえ、震源地の近くにあっても、地盤の固い地域では、建物の被害が比較的少なかった。

福井地震では、目に見える地表のずれ、つまり地震断層は生じなかったものの、地震後に行われた精密測量の結果、福井平野の東部で、長さ25キロ以上にわたって、北北西～南南東方向の断層運動のあったことが確認された。

断層は左横ずれで、東側の地塊が、西側に対して相対的に最大約70センチ隆起し、西側が南に最大約2メートルずれたことが明らかになった。この断層運動が、福井地震を引き起こしたのである。

福井地震によって壊滅的な災害がもたらされたこ

とから、気象庁は、それまでは上限を6としていた震度階を改め、翌1949年、その上に震度7を設定した。当時の基準としては、家屋の全壊率が30パーセントをこえた場合に、震度7を適用するよう定められたのである。

福井地震の場合、福井平野の中部から北部にかけては、ほとんどの地域で家屋の全壊率が30パーセント以上になっていたから、震度7に相当する激しい揺れに見舞われていたことになる。それ以後に起きた地震で、初めて震度7が適用されたのは、福井地震から半世紀近くを経て発生した1995年1月の「兵庫県南部地震」だったのである。

半世紀の静穏と都市の変貌（福井地震から兵庫県南部地震まで）

震災という面から振り返ってみても、1948年の福井地震から、阪神・淡路大震災をもたらした1995年兵庫県南部地震までの47年間、日本では一つの都市が壊滅するような地震は発生していなかった。福井地震で3,769人、兵庫県南部地震で6,434人と、いずれも数千人規模の犠牲者をだしたのだが、これら2つの地震に挟まれた半世紀近くは、地震動だけで1,000人はおろか、100人をこえる死者をだした地震は、一つも起きていなかったのである。

いわば、この47年間、日本列島は震災の面からみて比較的平穏な時代だったといえよう。その平穏のあいだに、日本は高度経済成長の時代を迎えることになったのである。

その結果、国土は繁栄を獲得し、都市は高層ビルや超高層ビルの建設、地下空間の開発などが進められて、立体的に過密となり、一方では、湾岸や河川の埋め立てが進んで、地盤液状化の候補地を増やし、都市周辺の丘陵開発も進められて、地震や大雨による土砂災害の危険性が高い地域に、新しい住宅地が造られてきた。

こうして、福井地震のころには見られなかった現代の都市環境が構築されてきたのである。しかし裏を返せば、都市は大地震を経験しないまま、繁栄の代償として、危険を蓄積しつづけてきたということができよう。

そして、この間に造られた建物や土木構造物、さらには町づくりそのものが、いかに脆弱なものだったかを、はっきりと露呈したのが、１９９５年の阪神・淡路大震災だったのである。

おわりに

本書で取り上げてきた内陸直下地震の事例を振り返ると、活断層の活動によって発生したものが多く、とりわけ、地表に地震断層が出現したケースでは、激甚な揺れが地表を襲い、大災害をもたらしてきたことがわかる。

太平洋プレートやフィリピン海プレートによって、つねに圧されつづけている日本列島では、内陸の活断層に歪みがたまりやすく、それが限界に達すると、弾けて大地震が発生する。これは、世界有数の変動帯にある日本列島の宿命ということができよう。

そのような地震が発生すると、建築物の倒壊や大規模な斜面崩壊などによって、多くの人命が失われてきたことを、過去の震災事例は雄弁に物語っている。


1995年1月の兵庫県南部地震（阪神・淡路大震災）は、六甲山地と神戸、芦屋、西宮など大都市を乗せた平野との間を走る六甲断層系の活動によって引き起こされた。このときは、淡路島の北部を走る野島断層が、地表地震断層として出現している。

日本列島では、大都市の直下を顕著な活断層の走っている例が多い。大阪の上町断層、京都では花折断層、福岡の警固断層、仙台の長町―利府断層などが挙げられる。
もし将来、これらの活断層が活動して都市直下地震を起こせば、阪神・淡路大震災と同規模の大災害になることは疑いない。

地質学の世界では、よく「過去は未来への鍵」といわれる。この言葉は、過去に起きた地震や火山噴火、台風や集中豪雨などによる災害にも通ずるものである。過去に起きたことは、必ず将来も繰り返される。
それゆえ、過去の災害から得られた教訓を、いかに未来の防災に活かすのか、首都直下地震の切迫性なども指摘されている今、昔とはまったく異なる社会環境下であっても、災害の歴史が示す事例は、将来への厳しい警告を内包しているということができよう。

本書を刊行するにあたっては、近代消防社編集部の中村豊さんに、たいへんお世話になった。
あらためてお礼を申し上げたい。

２０１７年２月　伊藤和明

《著者紹介》

伊藤和明（いとうかずあき）

1930年東京生まれ。東京大学理学部地学科卒業。東京大学教養学部助手、ＮＨＫ科学番組・自然番組のディレクター、ＮＨＫ解説委員（自然災害、環境問題担当）、文教大学教授を経て、現在、防災情報機構会長、株式会社「近代消防社」編集委員。主な著書に、『地震と噴火の日本史』、『日本の地震災害』（以上、岩波新書）、『津波防災を考える』『火山噴火予知と防災』（以上、岩波ブックレット）、『直下地震！』（岩波科学ライブラリー）、『大地震・あなたは大丈夫か』（日本放送出版協会）、『日本の津波災害』（岩波ジュニア新書）がある。

KSS 近代消防新書

011

災害史探訪－内陸直下地震編

著者　伊藤（いとう）　和明（かずあき）

2017年2月25日　発行

発行所　近代消防社

発行者　三井　栄志

〒105-0001　東京都港区虎ノ門2丁目9番16号

（日本消防会館内）

読者係（03）3593-1401㈹

http://www.ff-inc.co.jp

ISBN978-4-421-00895-1　C0244

価格はカバーに表示してあります。

株式会社 近 代 消 防 社
105-0001 東京都港区虎ノ門２丁目９番 16 号（日本消防会館内）
ＴＥＬ 03-3593-1401　ＦＡＸ 03-3593-1420　ＵＲＬ http://www.ff-inc.co.jp